U0323512

轻 断 食

早安果汁 晚安沙拉

Flora 刘祎——著

中国轻工业出版社

图书在版编目（CIP）数据

轻断食：早安果汁晚安沙拉 / Flora 刘祎著 . — 北京：
中国轻工业出版社，2019.5

ISBN 978-7-5184-1979-1

Ⅰ . ①轻… Ⅱ . ① F… Ⅲ . ①减肥 – 果汁饮料 – 制作
②减肥 – 沙拉 – 菜谱 Ⅳ . ① TS275.5 ② TS972.118

中国版本图书馆 CIP 数据核字（2018）第 118974 号

责任编辑：段亚珍　　　　　　责任终审：劳国强　　　整体设计：锋尚设计
策划编辑：翟　燕　段亚珍　　责任监印：张京华

出版发行：中国轻工业出版社（北京东长安街6号，邮编：100740）
印　　刷：北京博海升彩色印刷有限公司
经　　销：各地新华书店
版　　次：2019年5月第1版第2次印刷
开　　本：720×1000　1/16　印张：13
字　　数：200千字
书　　号：ISBN 978-7-5184-1979-1　定价：49.80元
邮购电话：010-65241695
发行电话：010-85119835　传真：85113293
网　　址：http://www.chlip.com.cn
Email：club@chlip.com.cn
如发现图书残缺请与我社邮购联系调换
190321S1C102ZBW

前言 Preface

写这本书之前，由于很长一段时间都在做美食工作，所以经常做高脂高热量的烘焙甜点和重油重糖的菜肴，离清淡健康的饮食习惯已经很远，看着慢慢上涨的体重和体脂以及渐渐失去柔滑细腻的皮肤状态，总是很焦虑，可又一直没有找到除了运动以外，从饮食上容易坚持又能改善整个身体状态的方法，直到“轻断食”的概念进入了我的生活。

5 天正常吃，2 天低热量饮食的方式，很容易坚持也很容易实现，通过酸甜可口又排毒的果蔬汁和清爽健康的各种沙拉，让很爱吃美食的我体验到了可以不需要痛苦地节食，就能降低体脂，改善身体和心情的方式。

选用色彩缤纷、口感和口味各异的新鲜食材制作沙拉，搭配各式不同口味的低卡沙拉酱，满足饱腹感的同时也没有失去食材应有的美味。所以在这本书里推荐大家选择早餐饮用果蔬汁，午餐和晚餐食用健康美味的沙拉。

酸甜的柳橙、爽脆的苹果、充满热带气息的百香果和芒果……每一种水果都有自己的气息和味道，每一种果蔬汁的搭配也会带来不同的愉悦心情。缤纷的蔬菜、水果带有自然中多种浓郁鲜亮的色彩，从口感和视觉都能给你带来幸福愉悦的体验；充满世界各地不同风情的各种沙拉酱，能带你品味到各地不同的美食风情，不需要亏待自己的胃也可以健康减脂，这大概是我最向往的保持身材的方式了。

当你开始关注身体状态，关注更健康的生活方式；当你开始选择新鲜清爽的食材，选用健康自然的烹饪方式；当你感受到鲜嫩的蔬果在口中迸发新鲜的气息，体会到整个身心都有更好的状态时，我相信，轻断食正在给你的生活带来积极的影响，并让你获得了身心的健康。

目录 Contents

上篇
一日三餐，轻断食

Part1
果蔬汁 + 沙拉，轻断食新主张

Part2
早安，果蔬汁

Part3

午安，梅森瓶沙拉

Part4

晚安，沙拉

下篇

轻断食实践篇

Part1

早安果汁＋两餐沙拉，坚持5：2轻断食减脂餐

Part2

4周饮食计划，帮你度过5：2轻断食前4周

轻断食，回归自然又健康的饮食状态

忙碌、快节奏的生活方式让现代人长期处在繁忙的生活中，与健康渐行渐远，熬夜、不规律饮食、各种应酬，让腰围和各种体指标都在不知不觉中离正常值越来越远，生活压力的逐渐增大也在影响着现代人的健康状况。

在这里，为大家推荐一种健康的饮食方式——轻断食。轻断食看似是一种瘦身的方式，其实更是一种健康自然的生活方式新主张，它能带你回归健康的生活状态，保持良好的体态，同样也可以带来更加轻松愉悦的心情。那么，轻断食是怎样一种饮食方式呢?

5 天正常吃，2 天控制着吃

风靡全球的轻断食是一种让人们以轻松健康的方式进行减脂并且重获健康自然的生活饮食模式，建议在一周 7 天的时间里，选择 2 天进行控制热量的低卡饮食，其余 5 天则尽情享受自己喜欢的美食，它是一种可行度高、容易坚持的瘦身饮食方式。

本书特别为大家推荐“早餐果蔬汁 + 午餐和晚餐沙拉”的轻断食饮食方案。

断食日的轻食料理，营养均衡不挨饿

本书中给出了多种美味的沙拉和果蔬汁，全部选用低糖、低脂的食材，低油、低盐的健康烹饪方式以及色彩与口感俱佳的搭配方式，让你即使面对乏味的食物也可以轻松度过 2 天断食日。

非断食日这样吃，一日三餐任你搭配

除了多种断食日的饮食建议，书中还介绍了多种可口的浓汤以及满足口感和颜值需求的非断食日沙拉，打开本书，你已经离轻食达人又更进一步啦!

COCOTTE

上篇 一日三餐，轻断食

你准备好开始轻断食计划了吗？或者，你是否迷茫于怎样才能做出好吃又低脂的断食餐呢？那么从这里开始，跟我一起走进美味的低脂轻断食的世界里吧。新鲜的果蔬、缤纷的色彩、多种口味与风格的低卡酱汁相互搭配与融合，从味觉到视觉都可以带你开启健康低脂美食的大门。

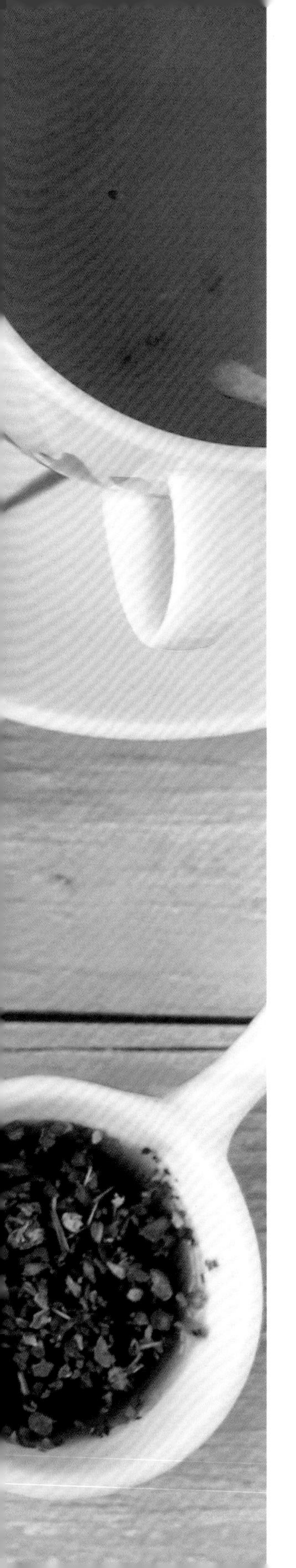

Part 1

果蔬汁＋沙拉，轻断食新主张

清新爽口的果蔬汁和食材多样、少油少盐、烹饪便捷的沙拉是近年来大热的健康美食，这些果蔬汁和沙拉在家就能轻松制作。

新鲜的果蔬能为人体补充维生素以及钙、磷、钾、镁等矿物质，有增强细胞活力，促进消化液分泌，消除疲劳等作用。当然，除了有助于健康外，由于大多数食材未经高温烹调，所以做好的果蔬汁以及沙拉色彩明艳，更能带给人愉悦的心情。

在我们的轻断食过程中，保持良好的心情跟健康饮食同样重要呦！

果蔬汁当早餐，开始一日的轻食

果蔬汁中含有丰富的膳食纤维，还含有一定的热量，可以有效满足人体的饱腹感，延缓饥饿感的来临，所以将果蔬汁作为早餐是很好的选择。

本书提到的果蔬汁都是用新鲜水果和蔬菜直接榨取得到的，不添加额外的糖分，也没有经过加热处理或者添加色素。它们最大程度地保留了果蔬汁的口感和营养成分，这也让鲜榨果蔬汁拥有混合着新鲜水果和蔬菜的香气，洋溢着幸福的味道，从口感和营养价值来说都是不错的选择。

在家制作美味果蔬汁的要领

榨汁机、破壁机和原汁机怎么选

制作果蔬汁之前，先得选一款制作工具。榨汁机、破壁机、原汁机……市面上各种机型层出不穷，我们该如何选择呢？

市面上最先出现的应该是榨汁机，它通过高速旋转的刀片对食材进行粉碎出汁，还可以通过滤网过滤残渣，操作非常简单。

破壁机是榨汁机的升级版，它通过高速旋转的刀片可以打破植物细胞壁，粉碎能力更强，处理的食材更加广泛。所以，经破壁机处理后的果汁是连同果渣一起的，能尽可能地保留食材的营养成分，但可能会出现一些果渣颗粒，不过这些颗粒非常细腻，喝起来也很顺滑。

原汁机没有超高速旋转刀片，它采用的是螺旋挤压方式，出汁率高，制作的果汁原汁原味，味道和口感更佳。但是因为缺乏锋利的刀片，因此质地较硬的食材无法用原汁机进行处理。

在制作果蔬汁前，大家可以根据自己的条件、各个机型的优点以及食材的特点来选择适合的工具。

果蔬的配比需适宜

合理的果蔬搭配不仅决定了果蔬汁的口感，还决定了果蔬汁的营养成分与功效。如果果蔬汁中蔬菜的配比过高或者种类选择有偏差，果蔬汁的苦涩味就会过于强烈，以致让人难以下咽，所以只有选择合适的果蔬配比以及食材种类，制作出的果蔬汁才会符合自己喜欢的口味。

一般我们选择的蔬菜汁量与果汁量基本为 1∶1 的比例。如果你不习惯蔬菜汁的味道，蔬菜汁的配比可以更低一些。可以大致将水果分为酸味水果和甜味水果，在配比中，酸味水果和甜味水果的配比量以 1∶4 为好。另外，当果蔬汁甜度较高或者出汁率稍低时，可添加牛奶或者冰水，一起混合榨取果汁，来获得更佳的口感。

寻找适合自己的味道

由于每个人的口味习惯不同，并不一定所有的果蔬汁味道都能接受，因此建议在根据之前提及的适合大众的比例上，选择自己喜爱的果蔬配比，来制作最适合自己口味的果蔬汁。

我们最终的目标是要在愉悦轻松的状态下享受轻断食，而不是为了健康饮食或者低热量的要求而强迫自己忍受不喜欢吃的食物。无论如何，能让自己拥有开心轻松的状态才是最好的选择。

口味调整小技巧

如果不是很习惯绿色蔬菜汁的口感，可以通过适当增加甜味水果的用量来提高果蔬汁的甜度，以便让自己更容易接受。如果不想用水果增加甜度，可以选择增加胡萝卜、番茄、黄瓜等口味清淡的蔬菜用量来调节口感。

当然，加入适量的柠檬汁或橙汁，也可以挽救一杯因为绿色蔬菜配比过高而变得苦涩的果蔬汁。

果蔬汁常用食材购物清单

香蕉◀

香蕉香甜软滑，是人们喜爱的水果之一。在欧洲，有研究表明它能缓解忧郁而称它为“快乐水果”。香蕉富含钾和镁，钾能防止血压上升及肌肉痉挛，镁则具有消除疲劳的效果。

葡萄柚▲

葡萄柚中含有宝贵的天然维生素 P、丰富的维生素 C 以及可溶性膳食纤维，能调节人体免疫力，对皮肤也有很好的保健作用。它香气独特，略带苦味，非常适合做果汁。

百香果▼

百香果散发着热情洋溢的热带味道，被誉为水果中的“热情之花”，同时含有多种人体所需氨基酸，酸甜可口的味道适合与其他水果或茶混合制作果汁或果茶。

猕猴桃◀

一颗猕猴桃能提供一个人一天维生素 C 需求量的两倍多，因此它被誉为“维 C 之王”。猕猴桃含有较多的可溶性膳食纤维，有稳定情绪、降胆固醇、帮助消化、预防便秘、止渴利尿和保护心脏的作用。

柚子▼

柚子肉中含有非常丰富的维生素 C 以及类胰岛素等成分，所以有调血糖、降血脂、减肥、美肤等功效。它还含有大量的维生素 P，能够起到强化皮肤毛孔的作用，同时还可以快速修复皮肤组织。而且它含有的热量非常低，因此非常适合于减肥美肤人士。

柳橙▶

柳橙中丰富的膳食纤维能促进肠道的蠕动，同样其所含的维生素 C 有美白和抗氧化的功效，酸甜清香的味道也可以跟很多果蔬尽情搭配。

雪梨 ▼

雪梨有助于人体润肺、消痰、降火、解毒，同时又有辅助降低血压的效果，良好的食用价值、超高的含水量以及细腻的果肉都是雪梨成为果蔬汁常用食材的原因。

苹果 ▲

苹果含有丰富的膳食纤维、维生素及矿物质。其所含的营养既全面又易被人体消化吸收。有降血脂、降血压的作用，还具有通便和止泻的双向调节功能。

芒果 ▼

芒果为著名热带水果之一，肉质细腻，气味香甜，它所含有的胡萝卜素特别高，是水果中少见的，其次维生素 C 含量也不低。

柠檬 ▶

柠檬富含维生素 C，有化痰消炎、生津解暑的功效。由于酸味很浓，它常被用作调味食材使用。

牛油果 ▼

牛油果是一种营养价值很高的水果，含多种维生素、丰富的脂肪和蛋白质以及钠、钾、镁、钙等元素。它营养价值可与奶油媲美，因而有“森林奶油”的美称。

胡萝卜 ▲

胡萝卜是一种质脆味美、营养丰富的家常蔬菜，它含大量的胡萝卜素，有抗癌、降低胆固醇、调节人体免疫力的功效。

菠萝▼

菠萝香味浓郁，甜酸适口。其菠萝蛋白酶能有效分解食物中的蛋白质，促进肠胃蠕动。丰富的 B 族维生素能有效滋养肌肤，防止皮肤干裂，使头发变得有光泽。

葡萄▼

葡萄中的多种果酸有助于消化，适当多吃些葡萄，能健脾和胃，另有研究证明，葡萄有助于阻止血栓的形成。

圣女果▶

圣女果，常被称为“小西红柿”，有红、黄、绿等果色。它具有生津止渴、增进食欲的功效。

石榴▶

石榴剥开后果肉晶莹剔透，具有红艳的色泽，酸甜的口感，它是制作果汁的绝佳食材。

火龙果▼

火龙果是热带水果，味道香甜。它最大的特点就是几乎不含果糖和蔗糖，糖分以葡萄糖为主，非常易被人体吸收。

青柠◀

青柠具有强酸性，常被用来做美食的调味料。值得注意的是吃完青柠后，一定要多刷牙、漱口，以免形成蛀牙。

断食日首选沙拉，上班族午餐可尝试梅森瓶沙拉

沙拉由英文 salad 音译而来，是从西方传来的饮食方法，它选用新鲜的食材，大多数食材不经任何烹饪处理，只对某些肉类或蔬菜稍做加工即搭配食用，其少油、少糖、自然健康的特点让沙拉成为低脂饮食的首选。

以往我们认为沙拉中只有肉类和蔬菜，其实不然，在沙拉中同样也可以添加糙米、紫米、大米、意面、面包等具有饱腹感的富含碳水化合物的食材，多种食材的添加让沙拉可以兼具饱腹感与多样营养素的特点，同样也让沙拉成为了午餐和晚餐的主角。阳光明媚的中午或者夕阳相伴的傍晚，让我们一起做健康低脂、美味可口又低热量的主食沙拉吧！

梅森瓶沙拉，风靡欧美

梅森瓶很早便风靡于美国，那是在一个冰箱还没有普及的年代，密封又透明的梅森瓶满足了当时人们对食物的储存需求，也可以让人更加直观地看到瓶中食材的新鲜程度。

梅森瓶沙拉是将酱汁和新鲜的食材依次放入干净的梅森瓶中制作而成的沙拉，可开盖即食，也可密封放入冰箱冷藏保存，到需要的时候拿来食用，具有易保存、易携带的优点，非常适合上班族做健康的午餐便当使用。

沙拉常用食材购物清单

蔬菜类

南瓜◀

南瓜口感软糯绵密，有清甜的口感，富含类胡萝卜素、多种矿物质以及氨基酸等营养成分，蒸熟食用或者烤制后食用都是很好的选择。

罗马生菜▶

罗马生菜是生菜的一种，口感爽脆，苦味比较淡，并且后味会带一点点甜。富含的钾有助于身体排除多余的盐分，还有较高的钙含量。购买的时候叶片光泽度越好越新鲜。

樱桃萝卜▶

樱桃萝卜的口感和色彩都非常特别，红白相间的颜色能给沙拉带来活力。其丰富的膳食纤维可以有效助消化，改善肠道功能。

土豆▶

土豆含有丰富的淀粉、蛋白质，口感绵密，跟多种香料都很契合。在沙拉中加入土豆不仅可以提升饱腹感，也可以让沙拉有更好的口感。

豌豆▼

豌豆所含的维生素 C 在所有鲜豆中名列榜首，且色彩明快诱人，是非常适合制作沙拉的食材。

玉米▶

玉米中丰富的膳食纤维可有效改善肠道环境，黄嫩的色泽和清甜的口感都是它受欢迎的原因。

紫叶生菜◀

紫色绿色相间的紫叶生菜极富营养价值，有助消化、促进血液循环、利尿、防止肠内堆积废物的功效，并有抗衰老和抗癌的作用。

黄瓜▼

非常易得的食材，制作沙拉时选用大黄瓜和水果黄瓜均可，其独特的香气和高含水量使之成为沙拉中清爽口感的担当。

洋葱▲

洋葱是自带辛辣和甜香的沙拉常用食材，市售紫皮洋葱的风味相对白皮洋葱而言更浓郁，营养价值也稍高。

西蓝花▲

最常见的低脂沙拉食材之一。在烧开的盐水中焯至熟即可食用，记得不要煮过长的时间，否则会让西蓝花失去翠绿诱人的颜色。

紫甘蓝▶

富含多种维生素，对高血压患者有很好的保健作用；口感爽脆，富含膳食纤维，容易产生饱腹感并且有助于肠道蠕动；富含的花青素也有保护视力、抗癌的效果。

圣女果▲

近年来大热的食材，既属于蔬菜也属于水果，它富含的番茄红素可以有效抗衰老、抗氧化，对调节人体的免疫力很有帮助。

甜椒▼

甜椒是水分含量高、闻起来有瓜果香并且颜色鲜艳的食蔬，富含维生素C及微量元素，不仅有助于改善黑斑及雀斑，还有消暑、预防感冒和促进血液循环等功效。

番茄▲

番茄是很常见的美味食材，其热情洋溢的大红色，酸甜清香的口感，使得番茄切块或者做成酱加入沙拉中都是很不错的选择。

西葫芦▶

西葫芦含有丰富的维生素C，同时钙的含量也较高。

苦菊▶

苦菊可以有效强化肠道功能，其富含的氨基酸有降低胆固醇的作用。

肉蛋类

培根▼

培根又名烟肉，是欧美国家的高人气食材，带有较浓厚的烟熏味，均匀分布的油脂滑而不腻，咸度适中，风味十足。但是建议不要长期高频食用。

鸡蛋▲

富含人体所需蛋白质并具有良好饱腹感的常见食材，煎制或水煮都是很好的选择。

牛肉▼

牛肉是人体所需优质蛋白质的来源之一，与其他肉类相比，牛肉含有丰富的铁，是补血、增肌减脂的良好食材。建议选用牛排或牛里脊，肉质更加鲜嫩。

鸡肉▲

断食日的优选食材，它热量低，富含优质蛋白质。对于鸡肉而言，鸡胸是脂肪含量最少的，鸡腿则味浓鲜嫩多汁一些。

调味类

俄式酸黄瓜▲

爽脆微酸的俄式酸黄瓜非常适合在味道本身比较清淡的沙拉中提味。它跟番茄做成的番茄酸黄瓜沙拉酱很受欢迎。

泰椒▶

色泽红艳的小辣椒，辣度比较高，少量用于调味和装饰都是不错的选择。

黑胡椒▲

辛辣鲜香的黑胡椒是制作沙拉常用的调味料，建议使用现磨的黑胡椒，因其香气保留得更加完好。

大蒜▲

常用的调制中式沙拉酱汁食材，气味略辛辣，稍有刺激，少量使用可以得到很好的中式风味。

海盐▼

适量盐分的加入可以让沙拉酱汁和食材的味道更鲜。

鱼露▲

发酵而成的鱼露自带咸鲜味，呈琥珀色，是东南亚风情料理及海鲜食材的常见调味料。

橄榄油▲

橄榄油是由新鲜的油橄榄果实直接冷榨而成的，未经加热和化学处理，保留了天然营养成分。

柠檬▲

丰富的维生素C、诱人的香气、清新的酸味等，都让柠檬变成了沙拉里常用的调味和装饰食材。

巴萨米克醋▶

又称意大利香醋，用葡萄酿造而成，酿造时间越长其香气和味道越好。

意式香草▲

混合了百里香、牛至叶、罗勒等多种香草，复合的香味让它可以在沙拉中更好地融合并提升更多食材的味道。

主食类

吐司▶

常见的面包种类，加少量橄榄油和其他香料烤制至金黄，香酥的口感使其添加在沙拉里是不错的选择。

即食燕麦▲

富含膳食纤维，能促进肠胃蠕动，利于排便。与酸奶、牛奶以及水果等都是很好的搭配。

三色藜麦▲

近年大热的优质食材，易熟易消化，口感独特，有淡淡的坚果清香或人参香。

糙米▲

与普通白米相比，糙米的维生素、矿物质与膳食纤维的含量更丰富，口感也更加独特。

鹰嘴豆▲

蛋白质含量比一般豆类高很多，容易让人有饱腹感，它完全可以充当低脂饮食中的主食来源。

紫米▲

蒸熟后有软糯的口感和怡人的清香，营养价值和药用价值都比较高。

各式意大利面◀

用高密度、高蛋白质、高筋度的杜兰小麦粉制作的各种形状的意大利面是口感筋道、耐煮的食物，非常适合用于制作蔬菜含量丰富的沙拉

欧式面包▲

低油低糖的欧式面包是低脂食材的良好选择，麦香味浓，口感丰富，搭配时蔬或者蘸浓汤等都不错哦。

海鲜类

三文鱼▼

三文鱼含有丰富的蛋白质和不饱和脂肪酸，有补脑、降血脂、调节人体免疫力的功效，是西餐较常用的鱼类食材。

鳕鱼▼

鳕鱼肉味鲜美、营养丰富，所含的蛋白质比三文鱼、鲳鱼、鲥鱼、带鱼都高，而所含脂肪只有 0.5%。除了富含普通鱼类中所含的 DHA、DPA 外，还含有人体所必需的多种维生素。

鲜虾▲

鲜虾的营养价值很高，能调节人体的免疫力。其中，海虾含有的脂肪酸，能使人长时间保持精力集中。明虾、对虾含大量的维生素 B_{12}，同时富含锌、碘和硒，而热量和脂肪较低。

鱿鱼◀

鱿鱼富含钙、磷、铁，利于骨骼发育；鱿鱼除富含蛋白质外，还含有大量的牛黄酸，可控制血液中的胆固醇含量，缓解疲劳，恢复视力，改善肝脏功能。

墨鱼花▲

墨鱼口感筋道，味道鲜美，具有养血、通经的功效，是适宜女性食用的理想食材。

沙拉酱汁是沙拉的灵魂

食材的新鲜度最大程度地决定了沙拉的口感，但是完全吃不加任何调味料的食材，总会让人觉得食之无味或者无法对沙拉产生喜爱，那么为了让沙拉在味觉上更加出彩，接下来就为大家介绍沙拉的点睛之笔——沙拉酱汁。

不同口味的沙拉酱汁适合不同食材搭配制作的沙拉，虽说沙拉酱汁的做法普遍简单，但制作中的学问也不少，那么我们在正式介绍单个沙拉酱汁的配方和做法之前，先来看看沙拉酱汁总的制作和保存要点吧。

tips：

1. 沙拉酱汁建议提前做好备用，以便各种调味料可以有时间充分散发出香气并更好地融合在一起。当然，沙拉酱汁不宜常温存放太久，所以如果沙拉的制作时间较长，酱汁可以先冷藏备用，一般沙拉酱汁的存放时间为 3~36 小时，加入了香草的沙拉酱汁建议及时冷藏以保证香味的贮存。

2. 制作沙拉酱汁的顺序：先放除去盐、糖以外的粉末状食材；然后加入除去酸味食材和油的其余液体食材；接着添加盐或糖；最后加入酸味食材和油。

3. 制作沙拉酱汁的时候，建议按照上面顺序依次加入后拌匀，以便沙拉酱汁风味可以更好地显现。如果需要用搅拌机打碎，那么应该先把除去油之外的所有食材搅打均匀，然后加入油拌匀即可。

4. 在有坚果和肉类的沙拉里，为了更健康、低脂，可以减少油的用量；同样，在使用了甜味食材（如甜味水果、甜菜根等）的沙拉中，可以减少糖的用量。

5. 沙拉酱汁不建议一次全部加入沙拉中，酱汁中的盐分会导致蔬菜脱水过快而失去爽脆的口感，可以选择先加入 2/3 的沙拉酱汁，剩下的则边吃边添加。

6. 本书所有的配方都是按照大众口味进行配比的，但是因为口味因人而异，还是建议大家在制作的过程中，边尝边调味，制作出更适合自己喜好的沙拉酱汁。

低卡经典西式沙拉酱汁

酱汁对于沙拉起着至关重要的作用，甚至可以决定一道沙拉的成败，本书介绍的 7 款西式酱汁全部为经典又基础的酱汁，尤其注重口味的浓郁和健康低脂。

低卡蛋黄酱

说起西式沙拉酱汁，蛋黄酱是不是在你脑海里第一个出现的呢？蛋黄酱拥有顺滑香浓的口感，可以跟食材完美地融合，因此备受大众喜爱，但是传统的蛋黄酱的确是一个高油高糖高热量的食物，所以为了更健康，接下来我为大家介绍一款低卡蛋黄酱的做法。

材料

低糖低脂酸奶
35 克

煮熟的蛋黄
10 克

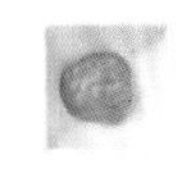

第戎芥末酱
2 克

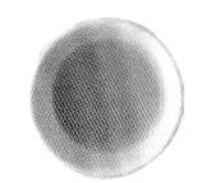

柠檬汁 2 克

黑胡椒碎 1 克

做法

1. 黑胡椒碎加入酸奶中搅拌均匀。
2. 再加入第戎芥末酱搅拌均匀。
3. 将煮熟的蛋黄碾碎，跟前两步的混合物混合搅拌到无颗粒即可。
4. 最后加入柠檬汁搅拌均匀就做好啦。

tips：这是与经典蛋黄酱口感差异不大的一款相对低脂低热量的沙拉酱哦！记得选择低糖、低脂且浓稠的酸奶。

番茄酸黄瓜酱

番茄和酸黄瓜的搭配可以说是毫无违和感，酸甜的番茄酱与带有独特香气的酸黄瓜作为主料，再搭配清新的点睛之笔——青椒碎，配合甜辣酱和洋葱的鲜辣清香，清爽开胃的沙拉酱就做好啦。

材料

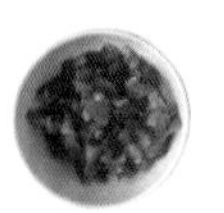

番茄丁 30 克

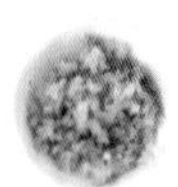

俄式酸黄瓜碎 15 克

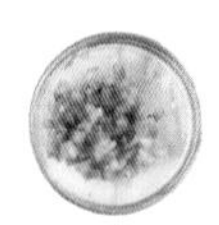

青椒碎 10 克

洋葱末 5 克

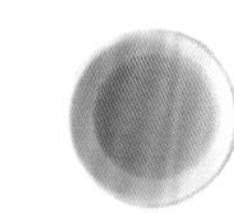

柠檬汁 5 克

甜辣酱 5 克

红酒醋 20 克

tips：这款沙拉酱作为搭配三明治或汉堡的酱汁也是很好的选择哦。

做法

1. 番茄丁、俄式酸黄瓜碎、青椒碎混合搅拌均匀。
2. 接着，加入洋葱末以及甜辣酱搅拌均匀。
3. 最后加入柠檬汁和红酒醋拌匀即可。

蜂蜜芥末酱

与青芥末鲜明的辣不同，第戎芥末酱能给人带来更加温和醇厚的味觉体验，与蜂蜜的搭配也是相当美味，相信你一定会觉得它似曾相识，也期待你和我一样地喜爱它。

材料

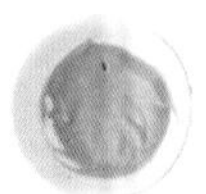
第戎芥末酱 8 克

橄榄油 5 克

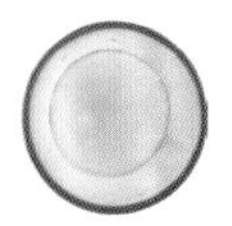
蜂蜜 10 克

柠檬汁 5 克

黑胡椒碎 1 克

做法

1. 黑胡椒碎、蜂蜜、第戎芥末酱搅拌均匀。
2. 然后加入柠檬汁略微搅拌。
3. 最后加入橄榄油搅匀，略微酸甜的蜂蜜芥末酱即完成。

tips：建议选择颗粒稍粗一些的黑胡椒碎，做出来的酱会更美观哦。

橄榄油黑椒汁

很多肉类食材跟黑胡椒的香气都能融合在一起，特别是牛肉和鸡肉因为黑胡椒的加入而更加鲜美。同样，一些蔬菜如南瓜、土豆等，加入黑胡椒后也会让人食欲大增。这款黑胡椒酱汁使用了少量的橄榄油和蚝油，在低脂的前提下可以给人更好的味觉体验。

tips：选择颗粒较粗的黑胡椒碎口感更佳。

材料

橄榄油 10 克

洋葱末 15 克

蒜末 5 克

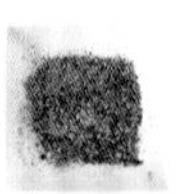

黑胡椒碎 5 克

生抽 10 克

蚝油 15 克

白糖 1 克

纯净水少量

做法

1. 锅中倒入橄榄油，炒香洋葱末和蒜末。
2. 加入黑胡椒碎继续翻炒出香味。
3. 然后加入生抽、蚝油、白糖和少量纯净水，煮到酱汁浓厚即可。

红酒洋葱酱

这是一款融入了红酒的沙拉酱，有了红酒的存在，洋葱的辛辣味就不那么凸显了。诱人的暗红色和酸甜清香的气息让人更加有食欲。这款沙拉酱口味偏成熟，更适合安逸宁静的傍晚享用。

材料

红酒 20 克

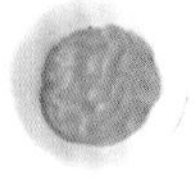

第戎芥末酱 5 克

巴萨米克醋 15 克

洋葱末 30 克

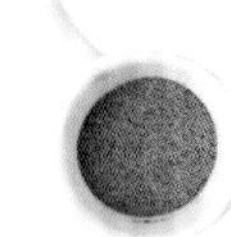

黑胡椒粉 3 克

橄榄油 5 克

盐适量

tips：洋葱末尽量切细碎一些，更有助于香气的散发，同时还保证了沙拉酱的口感。

做法

1. 将红酒、黑胡椒粉以及第戎芥末酱搅拌均匀。
2. 接着，加入洋葱末和盐搅拌均匀。
3. 然后加入巴萨米克醋混合均匀。
4. 最后加入橄榄油搅拌均匀即可。

普罗旺斯沙拉汁

在巴萨米克醋和橄榄油的基底里添加香气浓郁的法式香草，让普罗旺斯沙拉汁的气息带给你片刻的宁静与放松吧。虽然没有去到真实的普罗旺斯，也没有真的走在埃菲尔铁塔下，用美食来获得片刻的法式浪漫，也是在嘈杂生活中的一种享受。

材料

柠檬汁 3 克

巴萨米克醋 20 克

橄榄油 5 克

黑胡椒粉 1 克

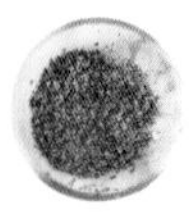

法式香草 2 克

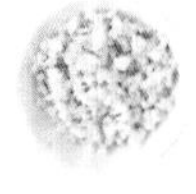

蒜末 5 克

番茄丁 15 克

盐适量

做法

1. 黑胡椒粉、法式香草、番茄丁混合拌匀。
2. 加入蒜末以及盐搅匀。
3. 倒入巴萨米克醋和柠檬汁搅匀。
4. 最后加入橄榄油混合均匀即可。

tips：蒜末和番茄丁切得尽可能小一些，沙拉汁给人的味觉体验更好。

香草油醋汁

巴萨米克醋、各种香草与黑胡椒相搭配，简单的做法也可以获得百搭的沙拉汁。香草油醋汁的热量相对而言较低，为了更加低卡的饮食，建议不要再增加油脂的用量！

材料

罗勒碎 1 克

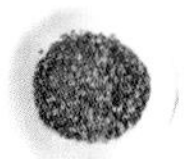
牛至叶碎 1 克

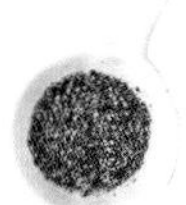
黑胡椒碎 1 克

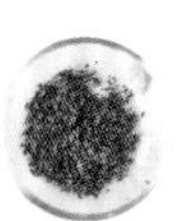
香芹碎 1 克

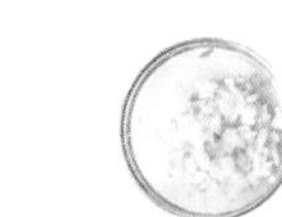
洋葱末 5 克

巴萨米克醋 30 克

橄榄油 10 克

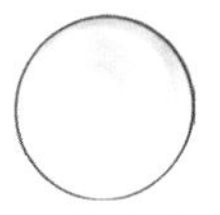
纯净水 10 克

做法

1. 首先加入粉末状的罗勒碎、牛至叶碎、黑胡椒碎以及香芹碎。
2. 然后加入纯净水稍微搅拌。
3. 接下来加入洋葱末以及巴萨米克醋。
4. 最后加入橄榄油搅拌均匀即可。

tips：要遵循先放香草类粉状食材，然后加入纯净水，再放入提味食材洋葱末，之后加入巴萨米克醋，最后加入橄榄油的顺序哦！

低卡经典日式沙拉酱汁

日式沙拉酱拥有日本文化中沉静内敛的气息，就算没有艳丽的色彩、华丽丰富的食材，也同样能给人带来悠长的回味，让人在其中流连忘返。

和风芝麻酱

日式酱油和炒香的白芝麻搭配总是让人感觉温和又舒服，这款酱汁适合搭配简单新鲜的食材，可以让人感受到食材的本味，尤其是其中的洋葱让整个酱汁有了明显的味觉提升，一起来试试吧。

材料

炒香的白芝麻 8克

芝麻酱 8克

香油 5克

日式酱油 10克

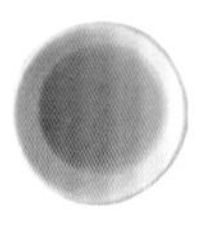

柠檬汁 3克

洋葱碎 10克

做法

1. 日式酱油中加入炒香的白芝麻、芝麻酱拌匀。
2. 加入柠檬汁、洋葱碎继续拌匀。
3. 最后加入香油混合均匀即可。

tips：白芝麻记得一定要炒香后使用，不然香气会损失很多。

经典照烧汁

源于日本传统做法的照烧汁味道醇厚、色泽明亮，且所有的食材原料都很常见。用这款酱汁搭配肉类和主食类食物都是很好的选择。

材料

洋葱丝 50 克

生抽 25 克

蒜片 5 克

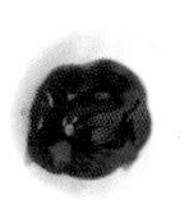
蚝油 10 克

料酒 10 克

盐适量

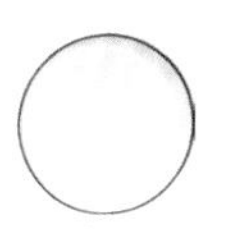
纯净水 1 小碗

色拉油 5 克

白糖 15 克

tips：照烧汁炖煮到比老抽略浓稠的程度即可，太稀不容易挂在食材上，太浓又口味过重。

做法

1. 锅中放 5 克色拉油烧热，炒香洋葱丝和蒜片。
2. 倒入料酒、生抽、蚝油翻炒。
3. 加入纯净水、白糖和盐，边煮边调味，直至汤汁浓厚即可出锅。

咖喱酱

日式咖喱相对于其他种类的咖喱来说，给人的口感和味觉体验都更加柔和浓郁。选用日式咖喱粉来制作这样一款浓郁醇厚的沙拉酱搭配蔬菜、肉类等食材，每一口都能让人感到温和又满足。

材料

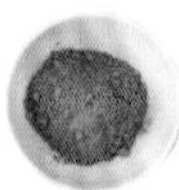
日式咖喱粉 10 克

牛奶 30 克

柠檬汁 5 克

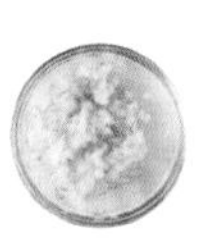
洋葱末 15 克

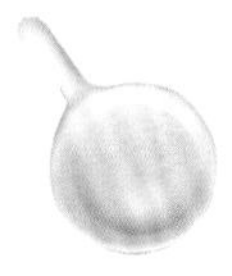
盐适量

做法

1. 日式咖喱粉混合牛奶搅拌均匀。
2. 加入盐和洋葱末拌匀。
3. 最后滴入柠檬汁即可。

tips：咖喱粉的品质直接决定沙拉酱最终口感的好坏哦。

低卡经典中式沙拉酱汁

除了西式和日式的常见沙拉酱汁，我们也可以搭配出中式风情的沙拉酱汁。豆豉、香菜、蚝油等元素都是很中式的食材，搭配在一起尝试一下新的体验吧！

豆豉蚝油酱

豆豉是中式烹饪中常用的调味料，和蚝油的搭配可以让沙拉酱变得更加鲜美温和，香菜和小米椒的添加也让整个沙拉酱的味觉体验更丰富。

材料

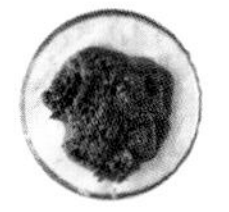

豆豉 20 克

蚝油 10 克

橄榄油 5 克

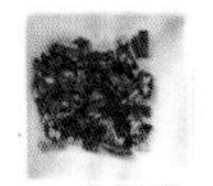

小米椒碎 3 克

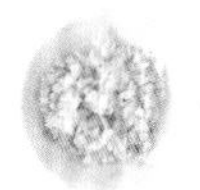

蒜末 5 克

生抽 5 克

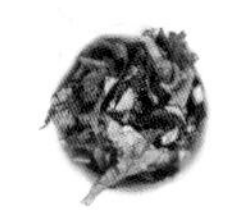

香菜末 5 克

做法

1. 小米椒碎、蒜末、香菜末和生抽混合搅拌均匀。
2. 加入剁碎的豆豉和蚝油，搅拌均匀。
3. 最后滴入橄榄油即可。

tips：香菜末和小米椒碎可以根据自己的口味灵活添加。

香辣红醋酱

酸辣的口感能让人食欲大开，特别适合夏天或者觉得沙拉过于清淡的时候食用，同时也适合本书中所有的中式沙拉。

材料

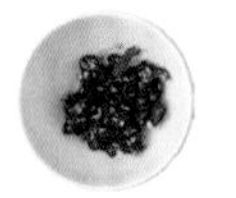

小米椒碎 3 克

小葱末 5 克

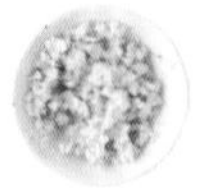

蒜末 3 克

红醋 20 克

白糖 2 克

橄榄油 8 克

香菜末 5 克

tips：小米椒碎的量可以根据个人口味适当调整，香菜末切细碎一些口感更佳。

做法

1. 小米椒碎、小葱末、香菜末和蒜末混合均匀。
2. 加入白糖和红醋搅拌均匀。
3. 最后加入橄榄油混合均匀即可。

中式酸辣汁

炒香的白芝麻、花椒油、蒸鱼豉油等都是中式料理中常见的调味料，用适宜的比例混合调制即可得到酸辣可口的中式酸辣汁，这款爽口开胃的沙拉汁不要错过啦！

材料

花椒油 10 克

陈醋 15 克

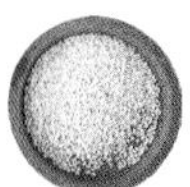

炒香的白芝麻 3 克

蒜末 5 克

小葱末 8 克

蚝油 8 克

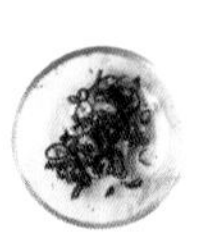

泰椒碎 3 克

蒸鱼豉油 10 克

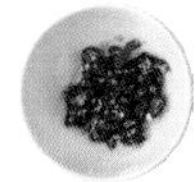

小米椒碎 3 克

做法

1. 小米椒碎、泰椒碎、小葱末和蒜末混合均匀。
2. 加入蒸鱼豉油、蚝油和陈醋搅拌均匀。
3. 最后加入炒香的白芝麻和花椒油搅匀即可。

tips：白芝麻炒香后再食用味道更佳。

低卡泰式沙拉酱汁

尝试过西式酱汁的浓郁、日式酱汁的醇厚、中式酱汁的清爽，现在来体验一下东南亚酱料的香辣酸爽吧！以下这款鱼露酸辣汁为典型的泰式酱汁。

鱼露酸辣汁

鱼露和柠檬的香气，让人闭上眼睛仿佛置身于泰国夏日阳光明媚的海滩，青椒、红椒的加入让沙拉酱汁在鲜味的基础上添了一份辣意，无论配肉类还是海鲜类的沙拉，都别有一番滋味。

材料

鱼露 15 克

甜辣酱 20 克

柠檬汁 10 克

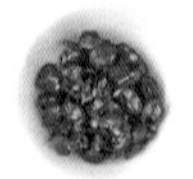

红椒碎 10 克

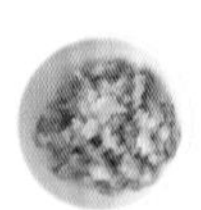

青椒碎 10 克

洋葱碎 10 克

做法

1. 洋葱碎、青椒碎和红椒碎混合甜辣酱搅拌均匀。
2. 然后加入鱼露混合均匀。
3. 最后加入柠檬汁搅匀即可。

tips：青椒、红椒以及洋葱切得细碎一些，口感更好。

Part 2

早安，果蔬汁

百香果的热情、菠萝的香甜、柠檬的活力和黄瓜的水嫩……蔬菜和水果混合搭配制作出的果蔬汁，不仅色彩明艳，还可以带你开启充满活力的一天。

amuser en
chemin.

苹果柚子雪梨汁

制作一杯淡淡鹅黄色的清甜果汁，让苹果的清香和柚子的活力带你开启新的一天吧！由于添加了柚子的原因，口感会略微带一丝苦，这是很正常的现象，不用担心。苹果的添加加快了果汁氧化变色的速度，所以建议尽快饮用哦！

材料

苹果 150 克

柚子 100 克

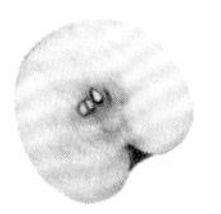
雪梨 60 克

柠檬 15 克

冰水 120 克

做法

苹果、雪梨去皮去核，柚子去皮，柠檬去皮去子，分别切块，放入原汁机中，加冰水搅打成汁即可。

营养功效：柚子清香、酸甜，富含钾且几乎不含钠，因此是心脑血管病患者的推荐食疗水果。苹果能增加饱腹感，促进肠道蠕动，进而有助于人体减肥，与生津润燥、清热化痰的雪梨搭配食用再适合不过了。香甜的苹果、雪梨和酸甜微苦的柚子相结合的果汁，在熬夜或者过食油腻辛辣后的早晨来一杯吧！

tips：由于包裹柚子肉的那层白色膜不容易去除干净，为了减少果汁的苦味，所以建议使用可将果汁和果渣分离的原汁机来制作。

营养学小知识：这款果汁中的 4 种水果都含有丰富的维生素，那么什么是维生素呢？维生素，故名思义，它是维持生命的物质，是维持人体健康所必需的有机化合物。例如，维生素 A 有助于维持人体免疫系统的正常；维生素 B_2 可以促进细胞的再生；维生素 B_6 帮助人体分解蛋白质、脂肪、碳水化合物……由于人体不能合成维生素或合成量极低，所以需要通过进食来供给。

芒果菠萝黄瓜汁

芒果和菠萝的搭配，好像把清晨的自己带进了活力满满的夏天，喝着清香扑鼻的果汁的你是否想起夏日假期在海边晒太阳、吹海风的自己呢？用一杯热情满满的黄色果汁开启充满能量的一天吧！添加一些块状的果肉口感会更好哦！

材料

芒果 100 克

菠萝 100 克

黄瓜 60 克

柠檬 15 克

冰水 120 克

做法

黄瓜洗净，芒果去皮去核，菠萝去皮，柠檬去皮去子后，分别切成 2 厘米左右见方的块状，与冰水一起放入原汁机或破壁机中制作即可。

营养功效： 芒果是常见的热带水果之一，它含有丰富的胡萝卜素、钾等，除了具有防癌的功效外，同时也具有预防并辅助治疗动脉硬化及高血压的作用。同为热带水果的菠萝不仅有滋养肌肤的作用，其富含的菠萝蛋白酶还可以促进肠胃蠕动。

tips：菠萝和黄瓜的膳食纤维含量很高，所以为了有更好的口感可以选择用原汁机制作。

营养学小知识： 柠檬、芒果中的维生素 C 的含量都比较高。维生素 C 的作用很广泛，除了可以促进人体对铁元素的吸收，还对体内一些重金属离子起解毒的作用，同时可以清除体内自由基并在一定程度上预防癌症。

芒果菠萝香蕉奶昔

充满热带气息的芒果菠萝香蕉奶昔，拥有让人感觉幸福安宁的鹅黄色，绵密浓厚又顺滑的口感，能带给你一整天的正能量！

主料

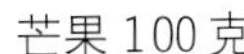

芒果 100 克

菠萝 100 克

香蕉 50 克

冰牛奶 100 克

装饰食材

切片香蕉 20 克，切片菠萝 20 克，蓝莓 3 个，百香果半个，迷迭香适量。

做法

将芒果去皮去核，菠萝去皮，香蕉去皮，切 2 厘米左右见方的块，与冰牛奶一起放入破壁机中搅打即可，打好后先装盘再用装饰食材装饰。

营养功效：菠萝具有清暑解渴、消食止泻、补脾胃、益气血、祛湿、养颜瘦身等功效，适合夏天食用。芒果的胡萝卜素含量特别高，有美容美颜的功效；它还是少数含蛋白质的水果，多吃易饱。

tips：芒果和香蕉这样的软质水果建议先冷冻 1 小时，再放入破壁机中搅打成细腻顺滑的奶昔，冰凉的口感更好。

营养学小知识：胡萝卜素的种类有很多，其中，β- 胡萝卜素可在人体内转化为维生素 A，在植物性食物中，甜椒、胡萝卜、番茄、芒果、菠菜等都富含可以转化为维生素 A 的胡萝卜素，所以多食用这类食物对视觉功能的维持与保养都有良好的作用。

苹果双瓜汁

这是一款很有食欲的黄绿色果蔬汁，充满了清新的味道，哈密瓜的香甜里融合着苹果的清香和黄瓜的清新，让这样一杯色彩明丽的果蔬汁带你开始新的一天吧。

材料

苹果 100 克

哈密瓜 120 克

黄瓜 50 克

柠檬 15 克

冰水 120 克

做法

苹果洗净去皮去核，哈密瓜洗净去皮，柠檬洗净、去皮去子，黄瓜洗净，将以上 4 种食材切 2 厘米左右的方块，与冰水一起放入破壁机或原汁机中制作即可。

tips：哈密瓜和苹果的膳食纤维含量大，可以选择用原汁机制作。黄瓜的表皮所含的营养素同样不少，所以不需要去皮哦，把表皮清洗干净后一起榨汁即可。

营养功效：黄瓜有去热利尿、清热解毒的功效，并且带有怡人的清香，加入哈密瓜和苹果后，使得果蔬汁的营养更加丰富。

营养学小知识：膳食纤维主要来源于植物性食物，有助于促进胃肠蠕动，预防便秘，也有调血糖、降血脂的功效。苹果、香蕉、哈密瓜、柑橘等水果，豌豆、蚕豆、甜菜根等蔬菜，以及燕麦、糙米等粮谷类中都含有丰富的膳食纤维。

柳橙番茄雪梨汁

像初生的朝阳跳出海岸线时的那一抹橘黄似的，这款果汁能给新的一天带来希望。让这样一杯朝气满溢的果蔬汁在清晨跟你见面吧，它融入了番茄的红艳和柳橙的甜香，能给人带来一整个早晨的满足。

材料

柳橙 100 克

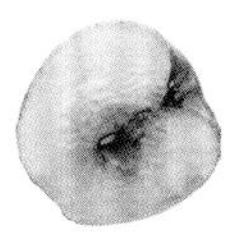
雪梨 100 克

番茄 50 克

柠檬 15 克

冰水 100 克

做法

将柳橙、柠檬洗净去皮去子，雪梨去皮去核，番茄洗净、去皮，切 2 厘米左右的方块，与冰水一起放入破壁机或原汁机中制作即可（可用柠檬片装饰及调味）。

营养功效：番茄含有一种重要的植物化学物——番茄红素，它不仅可以帮助人体延缓衰老、抗氧化，也可降低人体患癌症和心脏病的风险。柳橙具有宽肠、理气、化痰、消食、开胃、止咳等功效，番茄和柳橙搭配可以获得更好的果蔬汁口感。

tips：这款果汁口感酸甜清香，柳橙的味道和番茄融合得很好，也能给人以较强的饱腹感，适合在断食日饮用。

营养学小知识：番茄红素主要存在于茄科植物番茄的成熟果实中，它是目前在自然界的植物中被发现的强抗氧化剂之一，其清除自由基的功效远胜于其他类胡萝卜素和维生素 E，可以防治因衰老、免疫力下降引起的各种疾病。

葡萄柚苹果石榴汁

典雅明快的玫红色果汁融合了石榴的清爽、葡萄柚的酸甜以及苹果的清香，让人闻着就已心情愉悦，有了它的早晨，心情也一定会充满阳光。

材料

葡萄柚 100 克

石榴 100 克

苹果 100 克

柠檬 20 克

冰水 100 克

做法

将葡萄柚洗净、去皮；苹果洗净、去皮去核；柠檬洗净、去皮去子，切 2 厘米左右的方块；石榴洗净，取子。将所有食材一起放入原汁机中制作即可。

营养功效：葡萄柚中含有丰富的维生素 C 以及可溶性膳食纤维，维生素 C 可以促进人体对铁的吸收，还有助于清除体内自由基；石榴具有生津止渴、收敛固涩、止泻止血的功效。二者搭配在一起制作的果汁颜色和口感都很诱人。

tips：因为石榴有子，所以建议使用原汁机来制作这款果汁。

营养学小知识：水果中，酸枣、红枣、草莓、柑橘、柠檬等含有的维生素 C 较多。中国营养学会建议成年人每日摄入 100 毫克维生素 C，可耐受的最高摄入量为每天 1000 毫克。

Enjoy
your life

猕猴桃黄瓜雪梨汁

翠绿的猕猴桃、黄瓜和多汁清甜的雪梨，搅打成细腻柔滑的果蔬汁，用这样一杯洋溢着希望和活力的绿色果蔬汁，开启一天的快乐生活吧！

材料

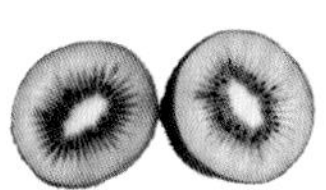
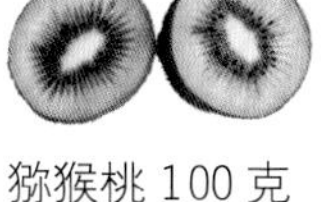

猕猴桃 100 克

雪梨 100 克

黄瓜 60 克

柠檬 20 克

冰水 120 克

做法

猕猴桃洗净、去皮，雪梨洗净、去皮去核，柠檬洗净、去皮去子，将黄瓜洗净，以上 4 种水果切 2 厘米左右的方块，将所有材料一起放入榨汁机或破壁机中制作即可（可用黄瓜片及薄荷叶装饰）。

营养功效：猕猴桃酸甜可口，其营养价值远超过其他水果，它的维生素 C 含量大约是柳橙的 2 倍，因此被誉为“维 C 之王”。搭配多汁甘甜的雪梨和清爽的黄瓜，这款果汁的口感如同其外观一样，清新怡人。

tips：选择用榨汁机或破壁机直接制作，可以得到浓郁清香的果昔，不建议使用原汁机哦。

营养学小知识：蔬菜中，辣椒、茼蒿、苦瓜、白菜、菠菜等食材中的维生素 C 含量较高，但是由于这些蔬菜中含有较多的氧化酶，会促使维生素 C 氧化破坏，因此这些蔬菜在存储过程中，维生素 C 会有不同程度地流失。

HYGGE

芒果哈密瓜胡萝卜汁

芒果和哈密瓜充满夏天的味道，胡萝卜的添加从色彩和营养层次上提升了整个果蔬汁的品质。嗨，早安，来一杯芒果哈密瓜胡萝卜汁吧！

材料

芒果 80 克

哈密瓜 100 克

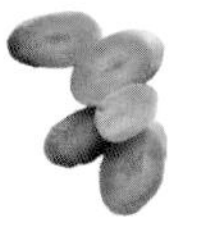

胡萝卜 60 克

柠檬 20 克

冰水 100 克

做法

芒果洗净、去皮去核，哈密瓜、胡萝卜洗净、去皮，柠檬洗净、去皮去子，切 2 厘米左右的方块，将所有食材放入榨汁机或原汁机或破壁机中制作即可。

营养功效：芒果富含胡萝卜素，是水果中较少见的，尤其适合素食者、身体抵抗力差者、胆固醇水平高者、长期对脂肪吸收不良者。胡萝卜含有大量胡萝卜素，可在人体内转化成为维生素 A，对人体的视力有很好的保护功效。

tips：选择用榨汁机或破壁机直接制作，可以得到具有饱腹感的果昔。使用原汁机可以得到清爽的果蔬汁。

营养学小知识：维生素 A 是人类发现的第一种维生素，在维持人的正常视觉功能、促进骨骼生长发育以及维持上皮组织细胞的健康方面起很大的作用。维生素 A 在动物性食物中含量丰富，如动物肝脏、蛋黄等。植物性食物中几乎不含维生素 A，某些蔬果所含的胡萝卜素可在体内转化成维生素 A。

GOOD
MORNING

苹果菠萝黄瓜汁

黄瓜的清香融合菠萝的酸甜，再加入苹果的醇香味道，这款颜色清爽的果蔬汁作为早餐再好不过。

材料

苹果 80 克

菠萝 100 克

黄瓜 100 克

柠檬 20 克

冰水 120 克

做法

苹果洗净、去皮去核，菠萝洗净、去皮，柠檬洗净、去皮去子，黄瓜洗净，以上 4 种食材切 2 厘米左右的方块，将所有食材放入原汁机或者破壁机中制作即可。

营养功效：黄瓜味甘、甜，性凉、苦，具有利水利尿、清热解毒的功效，常吃还有助于减肥。黄瓜中所含的大量 B 族维生素和电解质，能缓解酒后不适。如果你在前一晚宿醉，第二天的早晨来一杯猕猴芒果黄瓜汁再合适不过了。

营养学小知识：B 族维生素是人体组织必不可少的营养素，如维生素 B_1 能促进胃肠蠕动，维生素 B_2 能促进细胞的正常生长。

Enjoy

葡萄蓝莓番茄汁

浓浓的浆果色果蔬汁仿佛诉说着森林里奇妙的故事。绛紫的葡萄、蓝黑的蓝莓搭配红艳多汁的番茄，一起演绎出了这样一杯充满戏剧色彩的果蔬汁，选一个慵懒的早晨细细品味吧。

材料

紫色葡萄 150 克

蓝莓 30 克

番茄 50 克

黄瓜 50 克

冰水 100 克

做法

将紫色葡萄洗净、去子；蓝莓洗净；番茄、黄瓜洗净，切 2 厘米左右的方块。将所有食材一起放入破壁机或原汁机中制作即可。

营养功效：紫色葡萄中含有较多的花青素，它具有较强的抗血管硬化的作用，同样也有很好的抗氧化作用。香甜的葡萄、营养价值很高的蓝莓搭配多汁的番茄和黄瓜，看似简单的一杯果汁里有大大的营养学问哦。

tips：由于葡萄皮带有酸涩味，使用原汁机可以得到口感更佳的果蔬汁。

营养学小知识：花青素是自然界中广泛存在于植物中的水溶性天然色素，属于生物类黄酮物质，它是当今人类发现的强抗氧化剂之一。紫薯、紫色葡萄、血橙、紫甘蓝、蓝莓、红莓、桑葚等食物中均含有丰富的花青素。

GOOD
MORNING

胡萝卜苹果圣女果汁

用简单易得的食材做一杯入门级的果蔬汁吧，选用爽脆的胡萝卜和红艳多汁的圣女果来做基底，搭配清爽鲜甜的苹果，试试这杯果蔬汁，相信你会爱上它。

材料

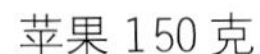

苹果 150 克

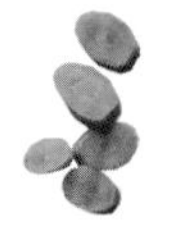

胡萝卜 50 克

圣女果 50 克

冰水 120 克

做法

将苹果洗净、去皮去核；胡萝卜洗净、去皮，切 2 厘米左右的方块；圣女果洗净，对半切开。将所有食材一起放入榨汁机或破壁机中制作即可（可用柠檬片和薄荷叶装饰）。

营养功效：胡萝卜富含的胡萝卜素，番茄富含的番茄红素都是人体所需的优质营养成分，苹果的甜香可以很好地调节这款果蔬汁的口感。

tips：此页中的材料更适合直接用破壁机或榨汁机做成断食日具有饱腹感的香浓果蔬汁哦。

营养学小知识：蔬菜、水果中含有丰富的维生素和膳食纤维，并且大多数均可溶于水，所以为了最大程度地保留这些营养物质，建议在处理蔬菜、水果的时候先洗后切，并且避免洗好的蔬菜、水果放置太久而导致维生素被氧化，同样不要让切好的果蔬浸泡在水中过长时间。

火龙果香蕉奶昔

这款奶昔是这本书里颜色最艳丽的一款，娇艳的玫红色中洋溢着清甜的果蔬香，如果你需要能量满满的早晨，不如就用它来开启这一天吧！

主料

红心火龙果 100 克

香蕉 100 克

冰牛奶 100 克

装饰材料

切片香蕉 20 克，树莓 1 个，黑莓 1 个，蓝莓 5 个，奇亚子 5 克，杏仁片适量。

做法

火龙果和香蕉去皮，切 2 厘米左右的方块，与冰牛奶一起放入破壁机中搅打，搅打好后倒入盘中，然后用装饰食材进行装饰即可。

tips：火龙果和香蕉这样的软质水果建议先冷冻 1 小时，再放入破壁机中搅打成细腻顺滑的奶昔，冰凉的口感更佳。奇亚子有很强的吸水性，拌入奶昔中吸水后会有不一样的口感。

营养功效：红心火龙果中所含的黏胶状植物性蛋白，在人体内遇到重金属离子，会快速将其包围，进而避免肠道吸收这些重金属离子，直至排出体外，这在一般水果中是较少见的。当然，火龙果清甜的口感也是本款果汁吸引人的地方。

营养学小知识：植物性蛋白质在火龙果中的含量要远高于其他的蔬果，这种有活性的蛋白质会自动与人体内的重金属离子结合，通过排泄系统排出体外，从而起到排毒作用，同时对胃壁也有保护作用。

versailles
Paris, France
n.205
s amuser en
chemin.

百香芒果雪梨汁

百香果和芒果的搭配是再夏天不过啦。这款橙黄色果汁充满活力与热情，它酸甜的口感，能让你的清晨充满阳光的味道。

材料

芒果 100 克

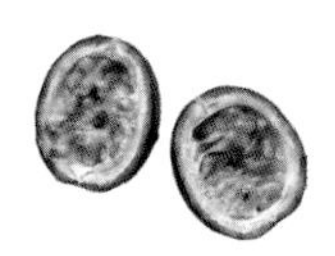

百香果 1 个

雪梨 100 克

冰水 120 克

做法

将芒果、雪梨去皮去核、洗净，切 2 厘米左右的方块状，然后将芒果块、雪梨块和冰水一起加入破壁机或原汁机中制作，最后加入百香果肉，拌匀即可饮用（可用薄荷叶装饰）。

tips：用破壁机或榨汁机制作可保留果肉纤维，喝到绵密浓厚的果汁。用原汁机制作时会去除纤维，口感比较清爽。百香果的果肉最后再加，搅拌均匀即可。

营养功效：百香果含有丰富的维生素、膳食纤维和蛋白质等对人体非常有益的元素，而且口感跟香味都美到极致；雪梨可以清肺润燥，这是很适合夏天饮用的一款果汁。

营养学小知识：通常人体每日所排出的尿量为 1500 毫升左右，而人体在食物中和新陈代谢中所补充的水分在 1000 毫升左右，新陈代谢中所产生的水分主要是蛋白质、脂肪和碳水化合物代谢过程中产生的水分。所以，我们才需要额外补充水分。

草莓香蕉奶昔

这款奶昔可以让杯子的外壁呈现高颜值，非常适合在慵懒的周末早晨做一杯以赏心悦目。记得贴在杯壁上的水果要切得尽量薄，才更容易吸附在上面哦！

材料

草莓 80 克

香蕉 80 克

冰牛奶 100 克

柠檬 20 克

做法

草莓洗净、去蒂，香蕉去皮，柠檬去皮去子。先将草莓、香蕉分别切 3~5 片薄片，贴附在杯子内壁上；再将香蕉切 2 厘米左右的方块，所有食材放入破壁机中搅打均匀，倒入杯中即可（可用迷迭香装饰）。

营养功效：草莓中富含丰富的维生素 C，可与金属离子结合由尿中排出体外。与香蕉一起制作的奶昔，富含丰富的膳食纤维，可促进胃肠道的蠕动，帮助改善便秘，预防痤疮、肠癌的发生。

tips：草莓和香蕉事先冷冻 1 小时口感会更好哦！

营养学小知识：香蕉富含人体所需矿物质钾和镁，钾在人体中有至关重要的作用，包括可以降低血压、维持心肌正常功能等；镁在人体中可以维护骨骼生长、肠道和神经肌肉的正常功能。

莓果满满奶昔

这款混合莓果香气的紫罗兰色浓厚奶昔，能在炎热的夏季清晨带给你满满的幸福感。

主料

草莓 50 克

黑莓 30 克

蓝莓 60 克

树莓 30 克

冰牛奶 100 克

柠檬 15 克

装饰材料

黑莓 1 颗，蓝莓 2 颗，树莓 1 颗，椰蓉适量，迷迭香适量。

做法

草莓去蒂、洗净；柠檬洗净，去皮去子；黑莓、蓝莓、树莓洗净。将所有食材一起加入破壁机中搅打均匀后倒入杯中，再用装饰材料装饰即可。

营养功效：黑莓富含花青素、硒、鞣花酸和类黄酮等高效抗氧化活性物质，因此被欧美国家赞誉为“生命之果”；蓝莓富含花青素，能够预防近视，缓解眼球疲劳，是世界粮农组织推荐的五大健康水果之一。树莓所含的各种营养成分易被人体吸收，能够促进人体对其他营养物质的吸收和消化，可改善新陈代谢，增强抗病能力。

tips：草莓、黑莓、树莓以及蓝莓事先冷冻 1 小时再和冰牛奶搅打，口感更佳哦！

营养学小知识：在黑莓、蓝莓以及树莓中富含的鞣花酸不仅有很好的抗氧化功能，同样还对诱导癌变的化学物质有明显的抑制作用，特别是对结肠癌、食管癌、肝癌、肺癌以及舌和皮肤肿瘤等癌变有很好的抑制作用。

牛油果猕猴桃奶昔

猕猴桃、香蕉和酸奶的搭配，很好地弥补了牛油果口味清淡的问题。果蔬汁整体的独特香气和嫩绿色彩都让整个奶昔充满了希望的气息。简单装饰上切片的香蕉、带霜的蓝莓和奇亚子，不管从营养还是口感亦或颜值来看，都是很棒的一款奶昔！

主料

牛油果 50 克

香蕉 80 克

猕猴桃 100 克

冰牛奶 100 克

装饰材料

奇亚子 5 克，切片香蕉 20 克，蓝莓 3 个，杏仁片适量，迷迭香少许。

做法

将牛油果去皮、去核，香蕉、猕猴桃去皮，将以上 3 种食材切 2 厘米左右的方块，然后将所有主料一起放入破壁机中搅打均匀即可，最后倒入盘中，再用装饰材料装饰。

营养功效：牛油果是一种营养价值很高的水果，含多种维生素、脂肪酸、蛋白质和钠、钾、镁、钙等元素，营养价值可与奶油媲美，因此有“森林奶油”的美称。猕猴桃含有丰富的矿物质，包括钙、磷、铁，还含有胡萝卜素和多种维生素，同样也是对人体非常有益的水果。

tips：香蕉冷冻后再制作口感更佳，记得选择低糖的酸奶，因为香蕉和猕猴桃已经自带甜味啦。

营养学小知识：奇亚子是薄荷类植物芡欧鼠尾草的种子，原产地为墨西哥南部和危地马拉等北美洲地区，富含多种抗氧化活性成分。另外，每 100 克奇亚子含膳食纤维 30~40 克，达到了成人每日膳食纤维的推荐食用量。

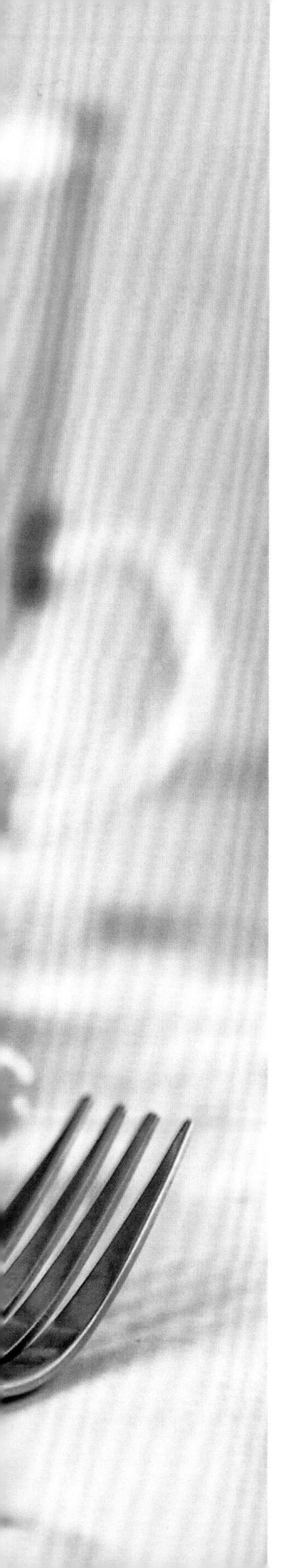

Part 3

午安，梅森瓶沙拉

了解了一些色彩缤纷的果蔬汁后，我们来尝试制作一些可作为正餐的沙拉吧。上班的你在办公室切菜一定很不方便，所以我们先来看看既便于携带，又能提前制作好且易保存的梅森瓶沙拉吧！

多彩的食材层层叠叠放入透明的梅森瓶中，这样一罐高颜值低热量的午餐让你在忙碌的一天中，可以狠狠地放松一下。别看小小一瓶沙拉，放食材的顺序和准备的细节都是很有讲究的哦！现在，我们开始制作吧。

梅森瓶沙拉的制作技巧

梅森瓶沙拉的保存

一般梅森瓶沙拉建议密封后放入冰箱保存，可以存储3~5天的时间，但是因为有新鲜的蔬菜在其中，并且沙拉并不是腌制品，所以还是建议做好后尽早食用。上班族提前一晚做好沙拉保存在冰箱中，第二天带去公司食用是完全没有问题的。

当然，书中之前提到沙拉酱会导致一些蔬菜因渗透压的原因脱水，并且现做的沙拉酱汁的保存时间是3~36小时，所以建议大家，如果梅森瓶沙拉的储藏时间超过沙拉酱汁的保存时间，就不要在梅森瓶里加入沙拉酱汁一起保存啦。

梅森瓶沙拉的罐装顺序

在制作梅森瓶沙拉时应该最先放入沙拉酱汁，因为沙拉酱汁是液体或膏状的，放在上层容易向下渗透，直接放在底层才可以降低沙拉酱汁对食材口感的影响。食用的时候，摇晃梅森瓶，使酱汁与食材混合均匀即可。

当然也可以将沙拉酱汁用另外的容器盛装，以便最大程度地保持食材的新鲜与口感。食用时，再将酱汁倒入梅森瓶中，摇晃瓶身，使酱汁与食材混合均匀。

之后建议放入块状不易出水的食材，因为如果将块状较重的食材放在顶部，下层受到挤压的蔬菜便会出汁脱水，失去爽脆新鲜的口感。遵循这些原则，我们就可以开始高颜值的梅森瓶沙拉的制作啦！

下面我们以这款香煎鸡胸土豆沙拉为例，来了解一下梅森瓶沙拉的罐装顺序。

1. 先在瓶底装入普罗旺斯沙拉汁（制作步骤见36页）。由于土豆是不易出汁的块状食材，因此将煮熟的土豆块最先放入底部。

2. 放入煮熟的红腰豆。

3. 继续放入煎熟并冷却后的鸡胸肉块。

4. 将鸡蛋煮熟后去壳切块，放在鸡胸肉块的上层。

5. 继续放入圣女果块。

6. 最后，放入生菜，盖上瓶盖即可。

梅森瓶的清洗与消毒

使用新的梅森瓶之前一定要对其进行有效地消毒，这里给大家介绍两种消毒方法，一种干净彻底，一种简洁快速。

1. 煮沸消毒

锅中放入冷水，梅森瓶口朝下放入锅中，开中火煮沸后继续煮 5 分钟关火捞出，并把瓶子倒扣于干净的厨房纸上自然晾干即可。注意千万不要水煮沸后再放入梅森瓶，以免导致梅森瓶炸裂。

2. 酒精消毒

如果锅不够深或者不够大，可以选择用干净的厨房纸蘸取 35% 以上的白酒或医用酒精，将瓶子内外擦拭一遍以起到消毒的作用。

咖喱鲜虾意面沙拉

配咖喱酱（见40页）

这是一款非常适合罐装保存的沙拉，因为添加了意面而让整个沙拉更具饱腹感。煮好的意面与咖喱酱混合，吸满酱汁的意面一定会是你所爱的食物。

主料

贝壳意面（未煮）35克

胡萝卜50克

豌豆50克

甜玉米粒50克

土豆75克

鲜虾6只

圣女果60克

生菜50克

煮熟的鸡蛋半个

辅料

香芹碎1小撮

橄榄油8克

1. 土豆洗净、去皮，切1.5厘米左右见方的块，煮熟后捞出备用。

2. 意面煮熟后捞出，加入3克橄榄油拌匀。

3. 胡萝卜去皮、洗净，切三角状块。锅中放5克橄榄油，煎熟胡萝卜块。

4. 豌豆和甜玉米粒洗净，煮熟后捞出备用。

5. 鲜虾洗净，煮熟后去头、去壳备用。

6. 圣女果洗净，对半切开后备用。

7. 生菜洗净，切成适合入口的大小即可。然后依次按照咖喱酱、意面、土豆、豌豆、甜玉米粒、鲜虾、圣女果、胡萝卜、鸡蛋、生菜的顺序进行装瓶，撒上香芹碎即可。

营养功效：意面是被大家熟知的低生糖指数食物，非常适合减脂一族食用。在沙拉中添加了玉米粒、豌豆以及胡萝卜，不仅保证了人体所需的膳食纤维，也增加了饱腹感，同时鲜虾提供了人体所需的优质蛋白质，这样一罐低卡、高饱腹感又营养丰富的沙拉非常适合工作强度大又要保持身材的上班族食用。

营养学小知识：生糖指数GI全称为“血糖生成指数”，它是反映食物引起人体血糖升高程度的指标。不同的食物有不同的生糖指数，通常把葡萄糖的血糖生成指数定为100，生糖指数>77为高生糖指数食物，反之则为低生糖指数食物。

西葫芦鲜虾沙拉

配香草油醋汁（见37页）

鲜甜又富含水分的西葫芦和鲜美的虾肉搭配再适合不过，另外，搭配的鸡蛋在提供更多优质蛋白质的同时也增加了沙拉的饱腹感。

主料

西葫芦 200 克

鲜虾 5 只

鸡蛋 1 个

圣女果 50 克

紫甘蓝 50 克

辅料

薄荷叶适量

1. 西葫芦洗净，去瓤，切 2 厘米见方的块，煮熟后捞出备用。

2. 鸡蛋煮熟后去壳切块。

3. 圣女果洗净，切块备用。

4. 鲜虾洗净，煮熟后去头、去壳备用。

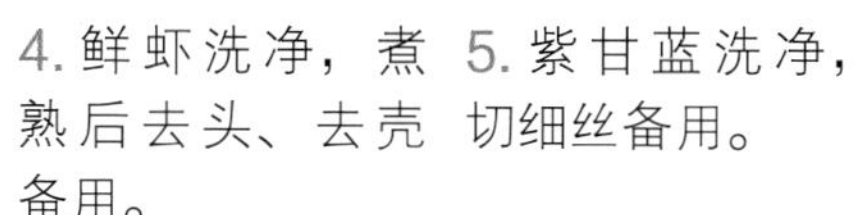

5. 紫甘蓝洗净，切细丝备用。

6. 依次按照沙拉汁、西葫芦、鸡蛋、圣女果、鲜虾、紫甘蓝的顺序装入梅森瓶中即可（可用薄荷叶装饰）。

营养功效：中医认为西葫芦具有除烦止渴、润肺止咳、清热利尿、消肿散结的功效。鲜虾和鸡蛋中的优质蛋白质让整个沙拉的营养更加均衡。

营养学小知识：在进行轻断食之前，不妨自测一下肥胖指标。腰臀比（Waist-to-Hip Ratio，WHR）是腰围和臀围的比值，是判定中心性肥胖的重要指标，当男性的腰臀比大于 0.9，女性的腰臀比大于 0.8，可诊断为中心性肥胖。 但其分界值随年龄、性别、人种不同而异。

日式春雨沙拉

配和风芝麻酱（见38页）

一款清新又营养低脂的沙拉，在日语中，春雨和粉丝的发音相同，所以这道被命名为春雨的沙拉以粉丝为主料，配菜上没有严格的规定，我们选择搭配黄的煎蛋皮、紫的洋葱、橙的胡萝卜、黑的木耳、绿的莴笋丝，口感、味觉以及营养都有不错的体验哦。

主料

粉丝（泡发）80克

火腿片 50克

木耳（泡发）40克

生菜 60克

鸡蛋 1 个

胡萝卜 30克

莴笋（去皮）30克

洋葱 20克

小葱丝 5克

辅料

炒香白芝麻适量

橄榄油 15克

1. 将泡发的粉丝煮熟备用；莴笋、生菜洗净，切丝。

2. 火腿片切细丝备用。

3. 将泡发的木耳煮熟捞出，切细丝。

4. 锅中放橄榄油，加入打散的鸡蛋摊成薄蛋皮，然后将蛋皮切细丝备用。

5. 胡萝卜洗净，去皮，切丝。锅中再次放橄榄油，炒熟胡萝卜丝。

6. 洋葱洗净，切细丝，用矿泉水冲洗去除辛辣味。

7. 所有食材混合后装入梅森瓶中，将和风芝麻酱另装一小瓶，第二天使用时将酱汁倒入梅森瓶中，摇晃瓶身，将酱汁与食材混合即可。

营养功效：木耳能帮助消化系统将无法消化的异物溶解，因此对预防血栓、动脉硬化和冠心病有一定作用。它所含的多糖体具有疏通血管、清除血管中的胆固醇的作用，因此木耳还可以调血糖、降血脂，有“素中之荤”的美誉，又被称为“中餐中的黑色瑰宝”。

烤南瓜牛肉粒沙拉

配橄榄油黑椒汁（见34页）

烤制过的南瓜有更加诱人的香甜，玉米粒和新鲜蔬菜能带来满满的清爽气息，加入煎到刚刚好又香气满溢的牛肉粒，这款裹满橄榄油黑椒汁的沙拉每一口都让人充满幸福与满足。

主料

牛排 100 克

南瓜 150 克

玉米粒 50 克

紫甘蓝 50 克

生菜 50 克

辅料

罐头装红腰豆少许

黑胡椒碎 1 小撮

盐 1 小撮

橄榄油 10 克

薄荷叶适量

1. 南瓜不需要去皮，洗干净后切成2厘米左右见方的块备用。

2. 南瓜块加入1小撮盐、黑胡椒碎、5克橄榄油拌匀，放入预热180℃的烤箱中烤制10~15分钟至熟软。

3. 牛排用盐和黑胡椒碎腌制15分钟，然后放入锅中加入5克橄榄油煎到自己喜欢的熟度。

4. 煎好的牛排稍微冷却后切成约1.5厘米见方的块备用。

5. 生菜洗净，切成适合入口的大小即可。

6. 紫甘蓝洗净，切细丝备用。

7. 玉米粒洗净，煮熟后捞出备用。

8. 按照沙拉汁、南瓜、紫甘蓝、玉米粒、红腰豆、牛排、生菜的顺序依次装入梅森瓶中即可（可用薄荷叶装饰）。

营养功效：牛排提供了人体所需的脂肪和优质蛋白质，南瓜则供给了膳食纤维和碳水化合物，沙拉和紫甘蓝的添加让整个沙拉的维生素含量更加丰富，同时口感也更清爽。

尼斯沙拉

配普罗旺斯沙拉汁（见36页）

这是一款经典的高蛋白、低脂肪法式沙拉，有着丰富的口感和全面的营养，搭配特调的普罗旺斯沙拉汁，满满的香草气息能让人瞬间感觉到放松与安逸。可以根据自己的喜好以及食材的易得程度添加黑橄榄哦。

主料

鸡蛋 1 个

黄瓜 80 克

圣女果 60 克

生菜 60 克

矿泉水浸金枪鱼罐头 80 克

辅料

薄荷叶适量

新鲜柠檬半片

1. 鸡蛋煮熟后去壳切块备用。

2. 黄瓜洗净，切 1.5 厘米左右见方的小块备用。

3. 圣女果洗净，切块备用。

4. 生菜洗净，切成适合入口的大小即可。

5. 依次按照沙拉汁、金枪鱼、黄瓜、鸡蛋、圣女果、生菜的顺序装入梅森瓶中，最后添加薄荷叶或柠檬片进行装饰。

营养功效：金枪鱼低脂肪、低热量，它富含人体所需的优质蛋白质和其他营养素，可以保护肝脏，降低胆固醇，再搭配上鸡蛋和新鲜时蔬，让这款低脂高蛋白的沙拉营养更全面。

营养学小知识：海洋食物和动物的肝、肾及肉类中含有人体必需的微量元素硒，对于人体正常免疫功能的维持、抗氧化以及肿瘤的预防都有作用。谷类食物中的硒含量则取决于土壤中的硒元素含量。蔬菜和水果中的硒含量甚微。

秋葵鸡丝沙拉

配经典照烧汁（见39页）

秋葵和鸡胸肉搭配起来也可以很日式！把原本味道清淡的鸡胸肉处理成细细的鸡丝，以便能更好地吸收沙拉酱汁，搭配酸甜的圣女果和爽脆的紫甘蓝，爽口清新的沙拉就做好了。

主料

鸡胸肉 100 克

黄瓜 60 克

秋葵 80 克

紫甘蓝 50 克

圣女果 50 克

1. 鸡胸肉洗净，煮熟后撕成鸡丝备用。

2. 秋葵洗净，煮熟后冷却，切丁备用。

3. 黄瓜洗净，切 1 厘米左右见方的丁备用。

4. 圣女果洗净，对半切开备用。

5. 紫甘蓝洗净，切细丝备用，然后依次按照沙拉汁、秋葵、鸡丝、紫甘蓝、黄瓜、圣女果的顺序装入梅森瓶中即可。

营养功效：秋葵嫩荚肉质柔嫩，口感爽脆嫩滑，含有由果胶及多糖组成的黏性物质，具有帮助消化、辅助治疗胃炎和胃溃疡的功效，而且它分泌的黏蛋白，也有保护胃壁的作用。搭配入味的鸡丝，组成了一款口味和营养兼具的沙拉。

营养学小知识：秋葵富含的可溶性膳食纤维是目前营养学中所提倡摄入的营养素之一，它能刺激肠道蠕动，预防动脉粥样硬化和冠心病等心血管疾病的发生，也可以预防胆结石的形成。

莓果隔夜燕麦沙拉杯

这是一款浸泡一夜后口感更好的莓果燕麦杯，在满足饱腹感的同时还能带来幸福感。即食燕麦片和奇亚子在吸收水分后都会变得软糯浓稠，加入了核桃仁、杏仁片和椰蓉后，味觉层次也更得到了进一步提升。可以提前一晚做好，你不需要早起很多哦！

主料

即食燕麦片 45 克
酸奶 150 克
树莓 30 克
蓝莓 30 克
黑莓 30 克
核桃仁 20 克
杏仁片 10 克

辅料

奇亚子 5 克
薄荷叶适量
椰蓉 1 小撮

1. 酸奶混合奇亚子浸泡20分钟左右。

2. 梅森瓶的底部先放一半的即食燕麦片。

3. 然后倒入一半酸奶。

4. 再加入一半的核桃仁和杏仁片。

5. 继续加入剩下的即食燕麦片、酸奶以及核桃仁、杏仁片。

6. 将树莓、蓝莓、黑莓洗净，放在顶部，可根据个人喜好用适量薄荷叶以及 1 小撮椰蓉进行装饰，放入冰箱密封一晚就可以吃啦。

营养功效：燕麦具有降血脂、调血糖、低热量、高饱腹的特点，它含有丰富的维生素 B_1、维生素 B_2、维生素 E、叶酸等，可以改善血液循环，缓解生活工作带来的压力；含有的钙、磷、铁、锌、锰等矿物质有预防骨质疏松、促进伤口愈合的作用。

高纤低脂午餐沙拉

配低卡蛋黄酱（见31页）

到了炎热夏天，你是否变得没胃口吃饭了呢？现在，为你推荐一款开胃沙拉。这是一款适合夏天的午餐沙拉，爽脆的新鲜时蔬搭配多汁酸甜的圣女果，既可搭配低卡蛋黄酱也适合搭配其他各种开胃的酱汁，让你即使在炎热的夏天也不会没有胃口。

主料

黄瓜 60 克

罐头装鹰嘴豆 45 克

鸡蛋 1 个

圣女果 60 克

紫甘蓝 30 克

生菜 60 克

辅料

核桃仁 10 克

罐头装红腰豆 15 克

1. 黄瓜洗净，切片备用。

2. 生菜洗净，切适合入口的大小即可。

3. 鸡蛋煮熟后去壳，切块备用。

4. 圣女果洗净，对半切开备用。

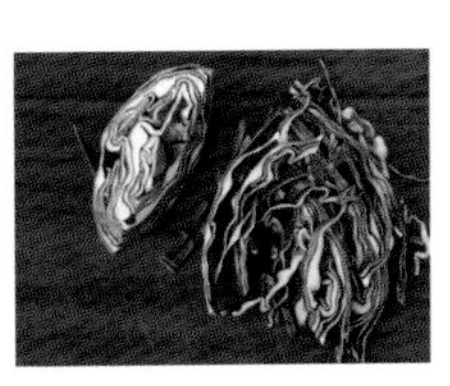

5. 紫甘蓝洗净，切细丝，然后依次按照沙拉酱、黄瓜、鹰嘴豆、鸡蛋、圣女果、紫甘蓝、生菜以及核桃仁和红腰豆的顺序放入瓶中即可。

营养功效：鹰嘴豆富含蛋白质、不饱和脂肪酸、膳食纤维、钙、锌、钾、B 族维生素等有益人体健康的营养素。红腰豆含钾、铁、镁、磷等多种营养素，有补血、增强免疫力、帮助细胞修补及防衰老等功效。

营养学小知识：我国人民膳食以谷类为主，但是谷类蛋白中赖氨酸的含量较低，所以谷物类适合与赖氨酸含量较高的豆类和动物性食物一同食用，从而提高蛋白质的营养价值。

Coffee

清爽开胃墨西哥沙拉

为大家介绍一款经典的墨西哥沙拉——莎莎酱，它介于沙拉与酱汁之间，可以单独食用，也可以与薄饼等其他食材搭配。

主料

圣女果 100 克

洋葱 20 克

大蒜 5 克

红甜椒 30 克

香菜 20 克

墨西哥薄饼 1 张

辅料

黑胡椒碎 1 克

橄榄油 5 克

柠檬汁 5 克

盐适量

1. 红甜椒洗净，切小丁。

2. 洋葱洗净，切末。

3. 圣女果洗净，切小丁。

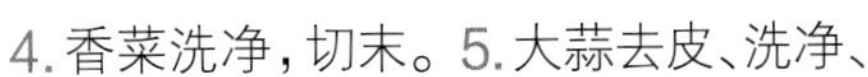

4. 香菜洗净，切末。

5. 大蒜去皮、洗净、切末，然后混合除墨西哥薄饼以外的所有主料及辅料搅拌均匀装入梅森瓶制成莎莎酱。第二日，将莎莎酱抹在墨西哥薄饼上即可食用。

营养功效：红甜椒具有强大的抗氧化作用，其中的椒类碱能够促进脂肪的新陈代谢，防止体内脂肪积存，促进新陈代谢。圣女果和红甜椒中还含有丰富的胡萝卜素、维生素 C 和 B 族维生素，能中和体内的自由基，有益于人体健康。

营养学小知识：人体获得脂肪的食物来源主要是植物油、油料作物种子以及动物性食物，必需脂肪酸的最好食物来源则是植物油类。橄榄油是由新鲜的油橄榄果实直接冷榨而成的，未经加热和化学处理，保留了天然营养成分。

improved

增肌减脂糙米沙拉

配中式酸辣汁（见43页）

将煎到香气四溢的牛排或牛里脊切成小块，搭配香软筋道的糙米，混合香甜的玉米粒和豌豆，再拌入爽脆的生菜和中式酸辣汁，增肌减脂的牛肉糙米沙拉就可以享用啦！

主料

糙米（未煮）35克

牛排或牛里脊100克

豌豆50克

玉米粒50克

生菜60克

胡萝卜50克

辅料

黑胡椒碎1小撮

盐1小撮

橄榄油10克

1. 糙米洗干净后蒸熟备用。

2. 胡萝卜洗净，去皮后切1厘米见方的小丁。

3. 锅中放5克橄榄油，把胡萝卜丁炒到熟软。

4. 豌豆和玉米粒洗净、煮熟后捞出。

5. 生菜洗净，切成适合入口的大小即可。

6. 牛排或牛里脊提前用盐和黑胡椒碎腌制15分钟，然后用橄榄油煎至自己喜好的熟度，稍冷却，切块。最后按照沙拉汁、糙米、牛肉、豌豆、玉米粒、胡萝卜、生菜的顺序依次放入梅森瓶中即可。

营养功效：糙米既能为人体提供饱腹感，血糖生成指数又低；牛肉能提供人体所需的脂肪和优质蛋白质。胡萝卜、生菜等时蔬能提供人体所需的维生素、矿物质以及膳食纤维，这是一道高纤低脂的沙拉美食。

椰奶紫米水果杯

绛紫色的紫米不仅有着诱人的外观，同样有着独特的清香气息和软糯的口感，搭配充满热带气息的椰奶和新鲜多汁的水果，一杯很夏天的椰奶紫米水果杯就做好啦，带去野餐或者在略有疲乏的工作日中午享用，都是很好的选择。

主料

紫米（未煮）50 克
椰奶 80 克
柳橙 60 克
芒果 50 克
猕猴桃 100 克
蓝莓 30 克

1. 紫米洗净，蒸熟后冷却备用。

2. 柳橙洗净，去皮。

3. 猕猴桃去皮后切小块。

4. 蓝莓洗净；芒果洗净，去皮、切块。梅森瓶中依次放入紫米，倒入椰奶，然后放入所有水果即可。

营养功效：椰奶有清凉消暑、生津止渴的功效，还有强心、利尿、驱虫、止呕止泻的作用，是养生、美容的佳品。紫米味甘、性温，有补血益气、暖脾胃的功效，并且软糯适口，自带清香，是口感很好的谷物滋补佳品。

营养学小知识：影响人体基础代谢的因素有很多：1. 体表面积与基础代谢基本成正比；2. 年龄，婴幼儿和青春期的基础代谢较高，成年后随年龄增长而降低；3. 男性基础代谢普遍高于女性；4. 季节和劳动强度同样影响基础代谢的水平。

甜椒螺旋意面沙拉 配香辣红醋酱（见42页）

筋道的螺旋意面混合清香鲜甜的甜椒，饱腹感和营养都满满的各种豆类与蔬菜让这款沙拉的口感更加丰富，香辣红醋酱让整个沙拉变得更有食欲。

主料

红甜椒 30 克

黄甜椒 30 克

螺旋意面（未煮）35 克

豌豆 50 克

玉米粒 50 克

圣女果 50 克

生菜 50 克

辅料

橄榄油 5 克

1. 螺旋意面煮熟后捞出，加入橄榄油搅拌均匀备用。

2. 红甜椒、黄甜椒洗净，切丁备用。

3. 玉米粒和豌豆洗净，煮熟后捞出备用。

4. 生菜洗净，切适合入口的大小即可。

5. 圣女果洗净，对半切开，然后按照沙拉酱、甜椒、螺旋意面、豌豆、玉米粒、圣女果和生菜的顺序依次放入梅森瓶中即可。

营养功效：甜椒富含多种维生素（特别是维生素 C）及微量元素，不仅可改善黑斑和雀斑，还有消暑、预防感冒和促进血液循环等功效。意面的血糖生成指数相对较低，搭配同样有饱腹感又富含营养素的豌豆和玉米粒等食材，就制作出了一款轻断食沙拉了。

营养学小知识：身体质量指数（BMI，Body Mass Index）是国际上常用的衡量人体肥胖程度和是否健康的重要标准，计算公式为 BMI= 体重 / 身高的平方（国际单位 kg/m^2）。中国的肥胖标准为 BMI 在 18.5~23.9 时为正常水平，BMI ≥ 24 为超重，BMI ≥ 28 为肥胖。

秋葵煎豆腐牛肉沙拉

配和风芝麻酱（见38页）

秋葵、豆腐和牛肉本身都是味道内敛纯粹的食材，自带的味道让这些食材的搭配不需要过于浓重的调味，搭配清新的和风芝麻酱是不错的选择。

主料

秋葵 100 克

豆腐 150 克

牛肉 80 克

圣女果 60 克

生菜 80 克

辅料

盐适量

橄榄油 18 克

黑胡椒碎适量

熟白芝麻少许

1. 秋葵煮熟后切丁备用。

2. 生菜切适合入口的大小即可。

3. 将豆腐切成8毫米厚、宽2厘米、长3厘米的长方块。锅中放10克橄榄油，将豆腐煎到金黄捞出备用。

4. 牛肉切薄片，加适量盐和黑胡椒碎腌制15分钟。

5. 锅中放入剩余橄榄油，加入牛肉片炒熟捞出备用。

6. 圣女果洗净后对半切开备用。依次按照沙拉酱、秋葵、豆腐、牛肉、圣女果、生菜、熟白芝麻的顺序装入梅森瓶中即可。

营养功效：秋葵中富含锌和硒等营养元素，对增强人体防癌抗癌能力很有帮助；加上含有丰富的维生素 C 和可溶性膳食纤维，常吃有益于让皮肤白嫩，有光泽。豆腐和牛肉都含有丰富的优质蛋白质。

营养学小知识：蛋白质是生命的物质基础，碳水化合物和脂肪均不能代替。对于食物而言，其蛋白质组成跟人体越接近，在体内的利用率越高，蛋类、奶类、鱼类、肉类以及大豆中的蛋白质被称为优质蛋白质。

金枪鱼谷物沙拉

配低卡蛋黄酱（见31页）

甜糯清香的紫薯富含多种营养素，无论是搭配酸奶和水果做成甜口的，还是做成咸的沙拉口感都不错。这款沙拉在紫薯中添加了清爽的蔬菜和富含营养的金枪鱼、鹌鹑蛋，搭配顺滑浓郁的低卡蛋黄酱，是不错的口感享受哦！

主料

鹌鹑蛋 3 个

紫薯 100 克

生菜 50 克

黄瓜 50 克

芦笋 50 克

矿泉水浸金枪鱼罐头 60 克

玉米粒 30 克

豌豆 30 克

辅料

橄榄油 5 克

迷迭香适量

1. 紫薯蒸熟后去皮切块。

2. 鹌鹑蛋煮熟后去壳，对半切开。

3. 将芦笋洗净，切5厘米长的段，锅中放油，煎熟备用。

4. 黄瓜切小块。

5. 玉米粒和豌豆煮熟后捞出备用。

6. 金枪鱼罐头准备好。

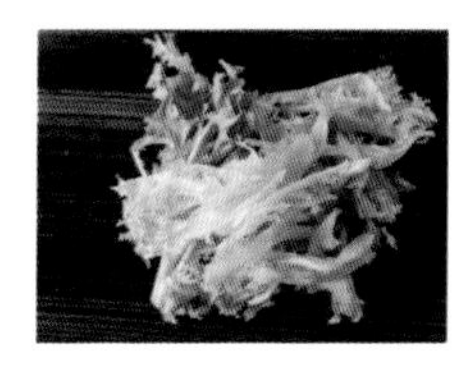

7. 生菜切适合入口的大小，然后按照沙拉汁、玉米粒、豌豆、紫薯、鹌鹑蛋、黄瓜、金枪鱼、生菜和芦笋的顺序装瓶即可（可用迷迭香装饰）。

营养功效：紫薯富含膳食纤维、花青素，能促进肠道蠕动，预防便秘；除此之外，它还富含硒，硒被称为“抗癌大王”，易被人体吸收，能抑制癌细胞的形成与分裂，预防胃癌、肝癌等癌症的发生。搭配含有优质蛋白质的鹌鹑蛋和丰富维生素的芦笋、生菜，使这款沙拉的整体营养更加全面。

营养学小知识：紫薯、玉米等谷类中含有丰富的钴。钴能活跃人体的新陈代谢，促进造血功能，并参与人体内维生素 B_{12} 的合成。食物中钴元素含量高的还有甜菜、圆白菜、荞麦、蘑菇等。

泰式土豆鲜虾沙拉

配鱼露酸辣汁（见44页）

鲜辣的酱汁混合煮到软糯的土豆，加上富含优质蛋白质的鲜虾和鸡蛋，搭配爽脆的时蔬，会给炎热夏季没胃口的你带来不一样的味觉体验。

主料

土豆 150 克

鸡蛋 1 个

鲜虾 5 只

樱桃萝卜 20 克

生菜 50 克

辅料

小米椒 5 克

香菜 10 克

柠檬片 1 片

薄荷叶适量

1. 鸡蛋洗净，煮熟后去壳切块。

2. 香菜洗净，切末。

3. 土豆洗净，切块后煮熟。

4. 小米椒洗净，切圈。

5. 樱桃萝卜洗净，切薄片。

6. 生菜洗净，切适合入口的大小即可。

7. 鲜虾煮熟后去头、去壳，然后依次按照沙拉汁、土豆、鸡蛋、鲜虾、樱桃萝卜、生菜、香菜和小米椒的顺序放入梅森瓶中（可用薄荷叶和柠檬片装饰）。

营养功效：土豆能为人体带来饱腹感，鲜虾和鸡蛋的加入让此沙拉富含优质蛋白质，搭配维生素富足的生菜和樱桃萝卜，再配合开胃的鱼露酸辣汁，这道沙拉让人在口感、营养和饱腹感上均能得到满足。

GOOD
MORNING

藜麦鲜虾沙拉

配豆豉蚝油酱（见41页）

口感独特、易熟易消化的藜麦富含人体所需的多种营养素，搭配顺滑清香的牛油果，加入筋道的鲜虾和爽脆的时蔬，清新的沙拉就做好啦，配上中式的豆豉蚝油酱，又是一番独特的味觉体验。

主料

牛油果 75 克

藜麦（未煮）35 克

鲜虾 5 只

圣女果 60 克

生菜 50 克

1. 藜麦洗净，煮熟后捞出沥干水分，煮10~12分钟即可。

2. 牛油果洗净，去皮、去核后切约1.5厘米见方的小块。

3. 鲜虾洗净，煮熟后去头、去壳备用。

4. 圣女果洗净，对半切开备用。

5. 生菜洗净，切成适合入口的大小即可。然后按照沙拉酱、牛油果、藜麦、鲜虾、圣女果以及生菜的顺序放入瓶中就好啦。

营养功效：藜麦是一种含优质蛋白质的植物性食物，它含有人体必需的 9 种必需氨基酸，尤其适合孕妇食用。另外，它所含的矿物质含量都高于其他常见谷类，其中锰的含量最高，锰可以促进胎儿的骨骼和智力正常发育。

营养学小知识：人体内的矿物质，也叫无机盐，是人体七大营养素之一。它是人体代谢中的必要物质，分为常量元素和微量元素。钙、磷、钠、钾等为常量元素，在体内的含量大于体重的 0.01%；铁、铜、锌、硒、锰等为微量元素，在体内的含量小于体重的 0.01%。

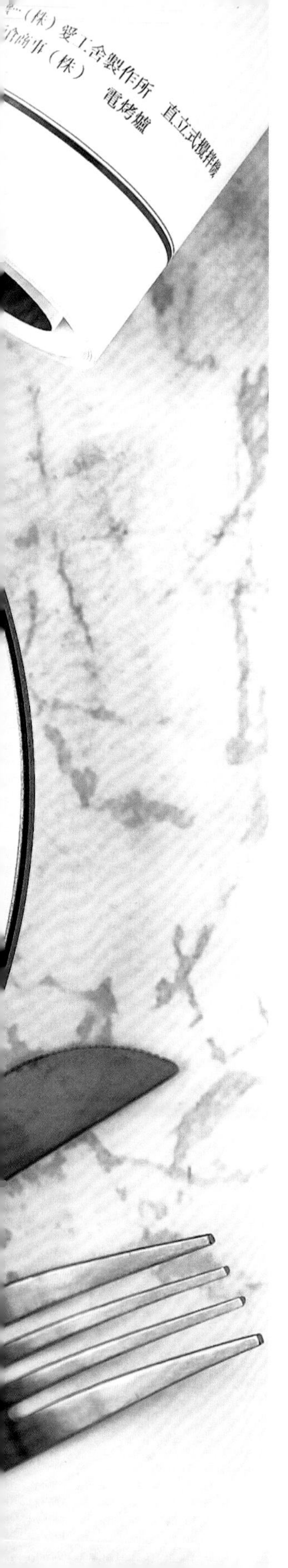

Part 4

晚安，沙拉

忙碌了一天，用低脂又满足感很充分的沙拉来犒劳一下自己如何？鲜嫩的牛排，只要用盐和黑胡椒稍微腌制，就可以煎出牛肉的清香；新鲜的海鲜，稍微水煮后混合爽脆的蔬菜和开胃的沙拉汁，也可以成为很治愈的一餐；流行的“森林黄油”牛油果搭配肉类或者海鲜都是很好的选择……在完成一天的工作后，做一份低脂又快手美味的沙拉餐给自己吧。

墨西哥薄饼鲜虾沙拉

墨西哥风情的沙拉是很多人的最爱，酸甜的圣女果搭配带有瓜果清香的甜椒，香菜末和蒜末的辛香味把所有食材的鲜美都调动了起来，筋道的虾肉让整个沙拉的口感更加出彩。

主料

墨西哥薄饼 1 张

牛油果半个

鲜虾 3 只

黄甜椒 20 克

红甜椒 20 克

圣女果 50 克

辅料

洋葱末 10 克

柠檬汁 5 克

香菜末 5 克

蒜末 3 克

橄榄油 5 克

黑胡椒碎 1 克

盐适量

1. 圣女果洗净，切小丁，将圣女果和柠檬汁拌匀备用。

2. 香菜末、洋葱末、蒜末、圣女果丁（拌柠檬汁）混合后，加入橄榄油、黑胡椒碎、盐拌匀制成莎莎酱。

3. 红甜椒、黄甜椒洗净，切细丝备用。

4. 牛油果洗净，去皮、去核后切片备用。

5. 鲜虾洗净，煮熟后去头、去壳。

6. 墨西哥薄饼上抹上一层稍厚的莎莎酱汁，然后加入牛油果、鲜虾、红甜椒、黄甜椒就完成了。

tips：鲜虾煮熟后捞出立即过冰水，肉质会更加筋道。牛油果选择略微熟一些的口感更好。如果不习惯洋葱的辣味可以在切末后用矿泉水略微冲洗，去掉辛辣味。圣女果尽量选择红艳味道稍甜的，口感更好。

营养功效：甜椒的维生素含量居蔬菜之首，其中维生素 C 的含量很高；鲜虾可以提供人体所需的优质蛋白质，并且脂肪含量很低，搭配筋道的墨西哥薄饼，饱腹感和营养都满足的一餐就做好啦！

蒜香吐司牛肉粒沙拉

配橄榄油黑椒汁（见34页）

牛肉是健身减脂饮食中最受欢迎的一种肉类，选用牛里脊或牛排加入少量盐和黑胡椒碎腌制后即可煎出诱人的香味，搭配爽脆的新鲜时蔬，浇上浓郁鲜香的橄榄油黑椒汁，忙碌一天后的傍晚犒劳自己一下吧。

主料

吐司 1 片

牛里脊或牛排 100 克

圣女果 100 克

生菜 50 克

洋葱 20 克

辅料

黑胡椒碎 1 小撮

盐 1 小撮

橄榄油 10 克

蒜末 3 克

1. 吐司去边，将 5 克橄榄油混合蒜末和 1 小撮盐搅拌均匀。

2. 把蒜香橄榄油涂抹在去边的吐司上，涂抹一面即可。

3. 处理好的吐司放入预热 165℃的烤箱烤 8~10 分钟到颜色金黄，然后切 1.5 厘米见方的小块备用。

4. 把用黑胡椒碎和盐腌制好的牛里脊或牛排放入锅中，加入 5 克橄榄油，煎至自己喜欢的熟度。

5. 稍微冷却后切 1.5 厘米见方的块备用。

6. 洋葱洗净，切细丝，然后用矿泉水清洗，去辛辣味。

7. 生菜洗净，切成适合入口的大小。

8. 圣女果洗净，对半切开，然后和所有食材混合后装盘，食用前拌入橄榄油黑椒汁即可。

tips：涂抹面包的橄榄油用量不要太多。

营养功效：牛肉含有丰富的蛋白质，其组成比猪肉更接近人体需要，能有效提高机体抗病能力。香酥的吐司能提供人体所需的碳水化合物，搭配适量的新鲜时蔬，就完成了一道富含蛋白质和维生素等多种营养素的沙拉。

烤南瓜烟熏三文鱼沙拉

配香草油醋汁（见37页）

南瓜软糯清甜、烟熏三文鱼能给人独特的口感和味觉体验、时蔬清爽又富含维生素与膳食纤维，搭配在一起就是一款怎么吃也负担不大的低脂沙拉餐。淋上香草油醋汁，让本身味道清淡的食材变得更加鲜美诱人。

主料

南瓜 120 克

烟熏三文鱼 80 克

圣女果 60 克

生菜 60 克

罐头装红腰豆 20 克

罐头装鹰嘴豆 20 克

核桃仁 15 克

杏仁 15 克

辅料

熟白芝麻少许

黑胡椒碎适量

橄榄油 10 克

盐适量

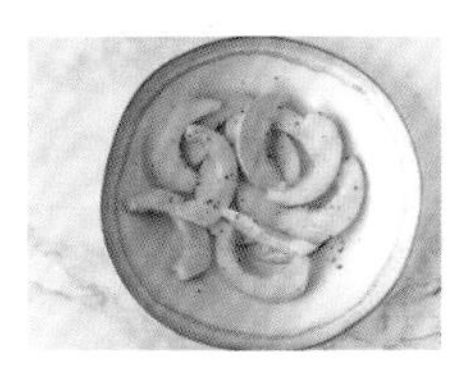

1. 南瓜切片，混合黑胡椒碎、盐以及橄榄油拌匀后，放入预热好 180℃的烤箱烤制 10~15 分钟至熟软。

2. 烟熏三文鱼提前准备好，可卷成自己喜好的造型。

3. 圣女果洗净后对半切开备用。

4. 生菜洗净，切成适合入口的大小即可。

5. 所有主料混合装盘，食用前撒上少许黑胡椒碎、熟白芝麻，浇上香草油醋汁即可。

营养功效：南瓜性温味甘，含有丰富的类胡萝卜素、果胶、氨基酸以及多糖，对人体十分有益；烟熏三文鱼在满足人体所需优质蛋白质的同时增强了饱腹感，红腰豆的添加也让这款沙拉的营养功效更加全面，此沙拉有调节免疫力、帮助细胞修补及防衰老等功效。

tips：南瓜可以不去皮，洗干净后进行烤制即可。红腰豆选择罐头装口感更好。

营养学小知识：天然食物中的油脂均为顺式脂肪酸，而人造油脂中含有大量反式脂肪酸。反式脂肪酸会增加心血管病和肥胖症的风险，所以建议不要食用人造的油脂，例如人造黄油等。

考伯沙拉

配低卡蛋黄酱（见31页）

考伯沙拉是一款备受欢迎的经典美式沙拉，色彩缤纷诱人，丰富的食材可以一次给人体提供很多营养。它不但热量不高，还可以当主食，能给人以饱腹感。各种食材一列一列排开，彩虹般的沙拉能带给你不一样的心情体验。

主料

鸡蛋 1 个

圣女果 60 克

牛油果 75 克

培根 50 克

鸡胸肉 80 克

洋葱 20 克

生菜 100 克

辅料

黑胡椒碎 1 小撮

盐 1 小撮

橄榄油 5 克

香芹碎少许

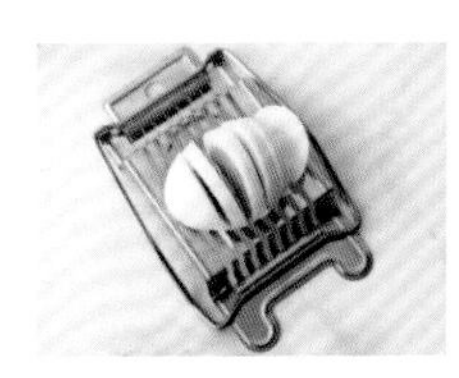

1. 鸡蛋洗净，煮熟后去皮，切成片备用。

2. 洋葱洗净，切 1 厘米见方的小丁，用矿泉水冲洗，去除辛辣味。

3. 圣女果洗净，切块备用。

4. 生菜洗净，切成适合入口的大小。

5. 锅中不放油，把培根煎到略微焦黄。

6. 煎好的培根稍冷却后切成 1.5 厘米左右见方的片备用。

7. 鸡胸肉提前 15 分钟加入盐和黑胡椒碎腌制，然后在锅中放入 5 克橄榄油煎熟。

8. 牛油果去皮、去核后切成 1.5 厘米见方的块。

9. 用生菜铺底，将洋葱、鸡蛋、培根、牛油果、鸡胸肉、圣女果按照顺序一列一列排开，食用前拌入低卡蛋黄酱，撒香芹碎即可。

营养功效：含有丰富肉类和蔬菜的考伯沙拉，能提供人体所需的优质蛋白质与脂肪。培根的添加让整个沙拉的味觉体验更加丰富。

tips：培根煎制的时候不需要添加油；鸡蛋煮到自己喜欢的熟度即可。

营养学小知识：洋葱中的营养成分十分丰富，不仅富含钾、维生素C、磷、锌、硒等营养素，更有两种特殊的营养物质——槲皮素和前列腺素 A，有预防癌症、促进心血管健康、增进食欲等功效。

金枪鱼时蔬糙米沙拉

配中式酸辣汁（见43页）

金枪鱼和糙米的搭配，让整个沙拉的口感层次更加丰富，在营养上不仅满足了优质蛋白质的摄取，同时也提供了给人饱腹感的碳水化合物，新鲜时蔬的添加让整个沙拉营养更均衡。

主料

矿泉水浸金枪鱼罐头 80 克

糙米（未煮）35 克

玉米粒 50 克

圣女果 50 克

紫甘蓝 50 克

生菜 75 克

核桃仁 15 克

辅料

俄式酸黄瓜 20 克

1. 糙米用水清洗干净后放入小碗中，加入没过糙米 8 毫米的水。

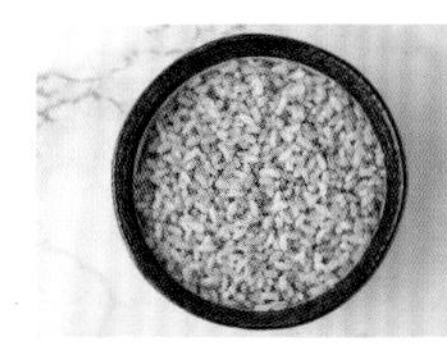

2. 锅中烧水，水开后放入装糙米的小碗蒸 40 分钟直至糙米熟透。

3. 生菜洗净，切丝。

4. 紫甘蓝洗净，切细丝。

5. 玉米粒洗净，放入水中煮熟后捞出。

6. 圣女果洗净，切块后混合其他主料摆盘，最后添加切成薄片的酸黄瓜即可。食用前浇上中式酸辣汁即可。

tips：选择矿泉水浸金枪鱼罐头比油浸金枪鱼罐头更加低脂低负担哦。

营养功效：食用金枪鱼，不但可以保持低脂饮食，而且可以平衡身体所需要的营养，辅助降低胆固醇、防止动脉硬化，所以金枪鱼既是低脂饮食又是健康饮食的不二选择。

照烧鸡腿时蔬沙拉

配经典照烧汁（见39页）

照烧鸡腿是人们熟知的一道日式料理，这次我们选择用照烧鸡腿搭配意面和时蔬来代替米饭，在满足口味需求的同时降低了糖分和脂肪的摄取，从而达到低脂饮食的目的。

主料

意面（未煮）35克

胡萝卜50克

鸡腿1个

熟西蓝花100克

洋葱30克

辅料

黑胡椒碎1小撮

橄榄油8克

盐1小撮

熟白芝麻1小撮

1. 意面煮熟后捞出，加入3克橄榄油搅拌均匀备用。

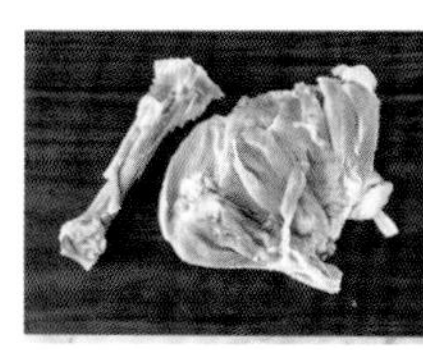

2. 鸡腿去骨后撒上1小撮盐和黑胡椒碎腌制15分钟。

3. 胡萝卜洗净、去皮后切条；洋葱洗净、切丝。

4. 锅中放5克橄榄油，把胡萝卜条煎熟软后捞出。

5. 用剩下的油炒香洋葱丝，并放入鸡腿继续煎到金黄。

6. 然后倒入1勺照烧汁略微煮一下，让鸡腿入味后盛出。

7. 制作好的鸡腿略微冷却后切条备用。

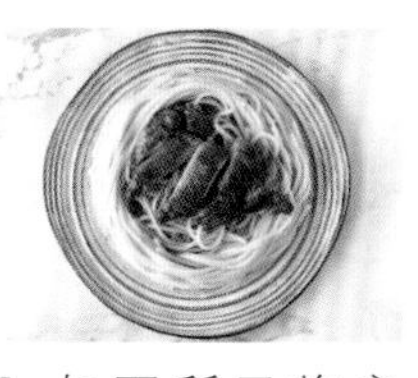

8. 如图所示将意面、鸡腿和胡萝卜、西蓝花、洋葱进行摆盘，然后浇上照烧汁，再撒上1小撮熟白芝麻就做好啦。

tips：煮意面的时候在水中放1勺盐，意面煮好后更好吃。

营养功效：意面适合减脂健身的人群食用；西蓝花含有丰富的营养素，也能给人以饱腹感；搭配鲜嫩的鸡腿和回味无穷的照烧汁，让人满足感爆棚的一道沙拉就做好啦。

培根时蔬沙拉

配红酒洋葱酱（见35页）

富含油脂的培根虽然味道香浓诱人，但是对于处在断食日的人来说，也是很难任意享用的，大家可选择在非断食日进行食用。注意控制好食用的量并搭配足量的时蔬等食材。来试试这款含有蔬菜、豆类和粗粮的培根时蔬沙拉吧！

主料

鸡蛋 1 个

西蓝花 80 克

豌豆 50 克

玉米粒 50 克

培根 60 克

生菜 50 克

圣女果 60 克

辅料

洋葱 20 克

樱桃萝卜 20 克

香芹碎 1 小撮

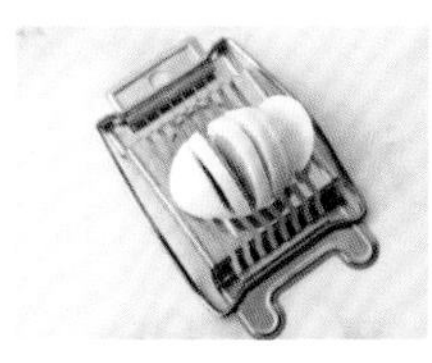

1. 鸡蛋洗净，煮熟后去壳，切片备用。

2. 豌豆和玉米粒分别洗净，煮熟后捞出备用。

3. 洋葱洗净，切细丝，用矿泉水冲洗去辛辣味。

4. 樱桃萝卜洗净，切薄片备用。

5. 生菜洗净，切适合入口的大小。

6. 圣女果洗净，切块备用。

7. 锅中不要放油，中火把培根煎到焦黄。

8. 培根略微冷却后切 1.5 厘米见方的片，然后混合煮熟的西蓝花和其他所有食材装盘，食用前浇上红酒洋葱酱拌匀即可。

tips：培根煎的时候不需要放油，煎到肉中的油脂基本溢出即可。

营养功效：培根能提供动物脂肪，鸡蛋能提供人体所需的优质蛋白质，豌豆和玉米等粗粮富含膳食纤维的同时还能提供饱腹感，蔬菜的加入让整个沙拉更加清爽宜人。

意式海鲜沙拉

配香草油醋汁（见37页）

用充满意式风情的香草油醋汁来调制这款海鲜满满的意式沙拉吧，简单的蔬菜搭配海鲜即可满足大家对口感和蛋白质、维生素以及膳食纤维的需求，红腰豆的添加更让营养物质变得充分又多样哦。

主料

鲜虾 6 只

鱿鱼圈 60 克

墨鱼花 60 克

生菜 80 克

圣女果 60 克

鸡蛋 1 个

辅料

罐头装红腰豆 20 克

柠檬片 15 克

黑胡椒碎少许

1. 鲜虾洗净，煮熟后去头、去壳备用。

2. 墨鱼花和鱿鱼圈煮熟后捞出备用。

3. 生菜洗净，切成适合入口的大小。

4. 圣女果洗净，对半切开。

5. 鸡蛋煮熟后去壳切块，然后混合红腰豆以及其余食材装盘，食用前倒入香草油醋汁混合，再撒少许黑胡椒碎即可。

营养功效：中医认为，墨鱼有养血、通经、催乳的功效，因此适合月经不调的女性食用；鱿鱼有滋阴养颜的功效，还能降低血液中胆固醇的浓度。

tips：海鲜类食材注意不要煮得太久，以免使得肉质变柴。鸡蛋根据自己喜欢的熟度选择煮制的时间即可。

营养学小知识：鸡蛋的蛋白质中含有半胱氨酸，加热过度会分解产生硫化氢，与蛋黄中的铁结合变成硫化铁后会发黑，所以如果煮鸡蛋时间过久蛋黄就会呈现黑绿色。

蒜香法棍牛油果沙拉

配番茄酸黄瓜酱（见32页）

法棍是一种最传统的法式面包，外层酥脆内里柔软并且麦香浓郁，烤制到酥脆再搭配筋道的鲜虾和顺滑的牛油果等食材，经过调味后别有一番滋味。香菜末、蒜末和番茄酸黄瓜酱的添加让这款沙拉味觉层次更加丰富。

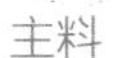

主料

鲜虾 4 只

法棍 60 克

牛油果 75 克

圣女果 60 克

辅料

香菜末 5 克

大蒜 3 克

橄榄油 5 克

柠檬汁 5 克

黑胡椒碎 1 小撮

盐 1 小撮

1. 法棍切 1 厘米厚的片备用。

2. 大蒜切末，混合 5 克橄榄油，制作成蒜香橄榄油。

3. 把蒜香橄榄油均匀涂抹在法棍切面上，然后放入预热 180℃的烤箱中烤制 8~10 分钟呈金黄色。

4. 圣女果洗净，切丁后混合柠檬汁、盐与黑胡椒碎拌匀。

5. 牛油果去皮、去核后切块。

6. 将圣女果丁、牛油果块、香菜末混合制作成牛油果番茄酱。

7. 然后把混合好的牛油果番茄酱放在烤好的法棍上。

8. 最后把煮好的鲜虾去皮、去头置于顶部，食用时浇上番茄酸黄瓜酱即可。

营养功效：鲜虾和牛油果能提供人体所需的脂肪与优质蛋白质，法棍保证了热量的供应同时也丰富了口感，番茄酸黄瓜酱让本身略微清淡的口味更加丰富诱人。

tips：鲜虾煮熟后立即过冰水，肉质更加筋道；需要切末的食材尽量切细碎，口感更好。

营养学小知识：法国面包的代表就是法棍，它的配方很简单，只用面粉、水、盐和酵母四种基本原料，通常不加糖、乳粉，不加或加少许油，所以是相对低脂的面包。

SAN PELLEGRINO TERME
1899
ACQUA MINERALE NATURALE
S.PELLEGRINO
SAN PELLEGRINO TERME
MICROBIOLOGICAMENTE PURA
FRIZZANTE
25cl

泰式夏日清爽牛肉沙拉

配鱼露酸辣汁（见44页）

这款清爽的沙拉非常适合夏天，牛肉和香菜以及小米椒的搭配鲜香又开胃，特调的鱼露酸辣汁可以带你感受泰式的热辣风情。因为低脂肪低热量，所以多吃一些负担也不大哦。

主料

牛里脊或牛排 100 克

樱桃萝卜 30 克

圣女果 60 克

生菜 60 克

黄瓜 50 克

洋葱 20 克

辅料

香菜末 20 克

小米椒段 10 克

香芹末 1 小撮

黑胡椒碎 1 小撮

盐 1 小撮

橄榄油 5 克

1. 牛里脊或牛排切薄片，加入黑胡椒碎和盐拌匀后腌制 15 分钟。

2. 锅中放橄榄油，把腌制好的牛肉翻炒到自己喜欢的熟度后盛出备用。

3. 黄瓜洗净，切丝备用。

4. 樱桃萝卜洗净，切薄片。

5. 洋葱洗净，切细丝，然后用矿泉水冲洗去辛辣味。

6. 圣女果切块，备用。

7. 生菜洗净，切成适合入口的大小，然后混合所有的主料装盘，撒上切好的香菜末、香芹末、小米椒段，食用前混合准备好的鱼露酸辣汁即可。

营养功效：牛肉能提供人体所需的优质蛋白质，丰富的新鲜蔬菜可提供维生素和膳食纤维。樱桃萝卜质地脆嫩、味甘甜，辣味较白萝卜轻，适宜生吃，有促进胃肠蠕动、增进食欲、帮助消化等作用。

tips：如果喜欢肉感更饱满的口感，最好选择先将牛排煎熟再切块的方式。

营养学小知识：铁在肉类食物中广泛存在，例如动物肝脏、动物血以及红肉类。铁是人体免疫力的保障，适当多摄入以上食物可以预防缺铁性贫血。

缤纷营养牛油果沙拉盏

配普罗旺斯沙拉汁（见36页）

利用牛油果外壳作为容器，有趣的外形、鲜甜的食材、清香扑鼻的开胃沙拉汁共同组成了这款你一定会喜欢的沙拉盏。

主料

牛油果 1.5 个

鲜虾 3 只

圣女果 60 克

甜玉米粒 50 克

黄瓜 50 克

洋葱 20 克

辅料

黑胡椒碎 1 小撮

1. 牛油果洗净，对半切开，去核后划井字纹，注意不要划破外壳。

2. 用勺子挖出果肉，并且留外壳备用。

3. 黄瓜洗净，切 1 厘米左右的方块备用。

4. 鲜虾煮熟后去头、去壳，取出虾肉。

5. 甜玉米粒洗净，煮熟后捞出备用。

6. 圣女果洗净，切块备用。

7. 洋葱洗净，切小块，用矿泉水冲洗去辛辣味，然后混合所有主料，并装入预备好的牛油果外壳中，食用前撒上黑胡椒碎，浇上普罗旺斯沙拉汁即可。

营养功效：牛油果富含丰富的植物脂肪，顺滑的口感也非常独特，搭配鲜虾所提供的人体所需优质蛋白质和玉米粒提供的膳食纤维，组成了这款饱腹感满满、营养也满满的沙拉。

tips：牛油果选择熟度刚好的口感更好；鲜虾煮熟后立即过冰水肉质更筋道。

营养学小知识：脂类物质是人体必需的营养素，除了给机体供能外，还有维持体温、保护脏器、促进脂溶性维生素吸收的作用，还可以在烹饪过程中起到增加香味的效果。

you

香煎鸡胸藜麦沙拉 **配中式酸辣汁**（见43页）

口感筋道的三色藜麦、煎得恰到好处的鸡胸肉、成熟度刚好且口感顺滑细腻的牛油果、新鲜的时蔬、香脆的坚果……这是口感、颜值与营养兼顾的一道轻食沙拉。

主料

鸡胸肉 100 克
藜麦（未煮）35 克
牛油果 75 克
圣女果 75 克
罐头鹰嘴豆 20 克
紫甘蓝 30 克

辅料

杏仁片 5 克
香芹碎 1 小撮
黑胡椒碎 1 小撮
盐 1 小撮
橄榄油 5 克

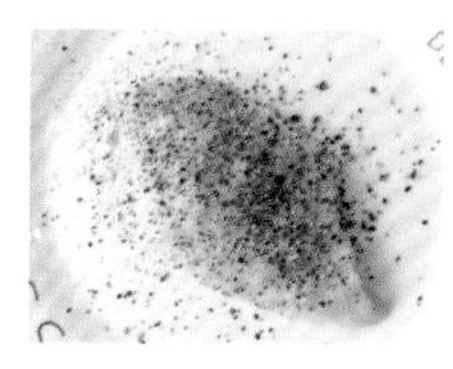

1. 鸡胸肉加入1小撮盐和黑胡椒碎腌制15分钟。

2. 锅中放入5克橄榄油，然后把腌制好的鸡胸肉煎熟。

3. 煎好的鸡胸肉切片。

4. 牛油果洗净，去皮、去核后切片备用。

5. 圣女果洗净，切块备用。

6. 藜麦放入滚水中煮12分钟左右，熟后捞出。

7. 紫甘蓝洗净，切细丝备用。

8. 混合除鹰嘴豆以外的主料，装盘，然后点缀上鹰嘴豆、杏仁片以及香芹碎，食用前浇上中式酸辣汁即可。

营养功效：前面提到过，藜麦的营养价值非常丰富，搭配高蛋白低脂肪的鸡胸肉，满足营养素需求的同时增加了整体沙拉的饱腹感。杏仁片为人体提供了更丰富的植物性蛋白质与脂肪。

tips：牛油果要选择表皮变黑，略微柔软的，成熟度才刚好，口感也更好。

营养学小知识：鸡胸肉的蛋白质营养价值较高，并且脂肪含量很低，非常适合与谷类食物配合食用，以提高蛋白质的吸收利用率。

酸辣鸡丝沙拉

配中式酸辣汁（见43页）

还在为水煮鸡胸肉的清淡乏味而发愁的你不妨试试这款口感轻盈、味道丰富的中式沙拉吧！将煮熟的鸡胸肉撕成细丝，口感变化的同时，更易让沙拉汁的酸辣鲜香发挥到极致，红甜椒、黄甜椒与黄瓜搭配不仅颜色明丽，还带着丝丝清香。如果喜欢香菜和白芝麻，多添加一些会更美味哦！

主料

鸡胸肉 100 克

红甜椒 50 克

黄甜椒 50 克

黄瓜 80 克

圣女果 50 克

辅料

小米椒 10 克

香菜 20 克

熟白芝麻 5 克

1. 圣女果洗净，切块备用。

2. 香菜洗干净后切小段备用。

3. 黄瓜洗净，切丝备用。

4. 小米椒洗净，切斜段备用。

5. 红甜椒、黄甜椒洗净，切细丝备用。

6. 鸡胸肉煮熟后撕成丝。

7. 混合所有主料装盘，撒上熟白芝麻、小米椒段、香菜段，食用前浇上中式酸辣汁即可。

营养功效：鸡胸肉是公认的低脂、高蛋白质食物，非常适合健身减脂的人群食用，甜椒和黄瓜中富含的维生素和膳食纤维让这道沙拉的营养更加均衡，多吃一些也不会有负担。

tips：鸡丝撕得越细，越容易吸附酱汁入味。

营养学小知识：影响机体能量消耗的因素有：1. 肌肉越发达，活动耗能越多；2. 体重越重的人，活动耗能越多；3. 劳动和运动强度越大，消耗的能量也越多。

香烤吐司鸡腿沙拉

配蜂蜜芥末酱（见33页）

又香又脆的香煎鸡腿、烤到香酥的橄榄油蒜香吐司，搭配绵密清香的牛油果以及鹰嘴豆等食材，构成了这款营养全面、口感极佳的主食沙拉。兼顾低脂和高饱腹感的这款沙拉在家也可以轻松完成！

主料

去骨鸡腿 1 个

吐司 1 片

牛油果 75 克

圣女果 50 克

生菜 50 克

罐头装鹰嘴豆 45 克

辅料

酸黄瓜 10 克

柠檬片少许

香芹碎 1 小撮

黑胡椒碎 1 小撮

盐 1 小撮

蒜末 3 克

橄榄油 10 克

酱油 3 克

1. 吐司去边，将5克橄榄油混合3克蒜末以及1小撮盐，均匀涂抹在吐司的其中一面。

2. 将吐司放入预热好165℃的烤箱中烤制8~10分钟到金黄，然后取出切1.5厘米见方的块备用。

3. 生菜洗净，切丝备用。

4. 圣女果洗净，切块备用。

5. 牛油果洗净，去皮、去核后切片备用。

6. 去骨鸡腿用酱油、盐和黑胡椒碎腌制15分钟。

7. 锅中加入5克橄榄油，放入腌好的鸡腿煎熟。

8. 煎好的鸡腿稍微冷却后切条，再混合所有主料装盘，点缀上酸黄瓜、柠檬片、香芹碎，食用前浇上蜂蜜芥末酱即可。

tips：煎好的鸡腿冷却一下再切，可以防止其中的肉汁流失过多。

营养功效：牛油果是一种营养价值很高的水果，含多种维生素、脂肪和蛋白质，钠、钾、镁、钙等含量也较高，绵密顺滑的口感搭配爽脆的生菜，保证了沙拉清爽的口感。香酥的烤吐司为人体提供了热量，鲜嫩的鸡腿则提供了人体所需的蛋白质和脂肪。圣女果和鹰嘴豆不仅丰富了营养与口感，同样也是提升颜值的好食材。

香煎鸭胸沙拉

配普罗旺斯沙拉汁（见36页）

这道沙拉选用了去除脂肪的鸭胸肉作为沙拉的基底，搭配鲜甜多汁的圣女果和爽脆的紫甘蓝、芦笋，再点缀上含有优质蛋白质的核桃碎……口感丰富，色彩诱人。

主料

除去脂肪的鸭胸肉 100 克

生菜 60 克

紫甘蓝 20 克

芦笋 40 克

圣女果 60 克

洋葱 30 克

核桃碎 10 克

罐头装鹰嘴豆 10 克

辅料

盐 1 小撮

黑胡椒碎 1 小撮

橄榄油 15 克

1. 鸭胸肉表面用刀轻轻划纹路，然后加盐和黑胡椒碎腌制 15 分钟。

2. 锅中放橄榄油，把腌制好的鸭胸肉煎到表面金黄熟透，盛出切片备用。

3. 生菜洗净后，处理成适口的大小备用。

4. 圣女果洗净后对半切开备用。

5. 芦笋洗净、切段后，煎熟备用。

6. 紫甘蓝洗净，切细丝备用。

7. 洋葱切丝后，用矿泉水冲洗去辛辣味，然后混合所有主料装盘，食用前混合普罗旺斯沙拉汁即可。

tips：腌制鸭胸时，加点香橙汁或柠檬汁，口感更好。

营养功效：在禽肉中，火鸡肉和鹌鹑肉的脂肪含量最低，在 3% 左右；鸡肉和鸽子肉为 9%~14%，鸭肉和鹅肉达 20% 左右，因此在制作这款沙拉时，一定要选择去除脂肪的鸭胸肉。

香煎三文鱼时蔬沙拉

配香草油醋汁（见37页）

仅用盐和黑胡椒碎腌制后，将表皮煎到香酥的三文鱼有着独特的海洋气息，绵软的肉质搭配清爽的蔬菜再淋上清香的香草油醋汁，一道清爽健康的沙拉就完成了。另外，红腰豆的添加在增加营养和口感的同时也更加提升了整道沙拉的颜值。

主料

三文鱼 100 克

黄瓜 60 克

生菜 60 克

樱桃萝卜 30 克

洋葱 20 克

罐头装红腰豆 25 克

柠檬 10 克

辅料

盐 1 小撮

橄榄油 5 克

黑胡椒碎 1 小撮

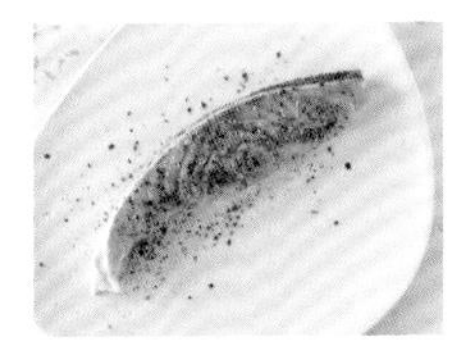

1. 三文鱼用1小撮盐和黑胡椒碎提前腌制15分钟。

2. 锅中放5克橄榄油，把三文鱼煎到表皮酥脆即可。

3. 樱桃萝卜洗净，切薄片备用。

4. 柠檬洗净，切片。

5. 黄瓜洗净，切片。

6. 生菜洗净，切适口大小。

7. 洋葱洗净，切细丝，用矿泉水冲洗以便去除辛辣味，然后混合所有食材装盘，食用前浇上香草油醋汁即可。

营养功效：三文鱼含有非常丰富的蛋白质，而且比其他鱼类更高，所以，多吃三文鱼可以维持钾钠平衡，调节免疫力；三文鱼还富含DHA，被称为“大脑的保护神”，可以增强脑功能。

tips：三文鱼的煎制时间不要太久，充分解冻后煎到表面香酥即可，不然肉质会变柴。

营养学小知识：鱼类蛋白质的氨基酸组成与人体接近，是优质蛋白质的来源，并且脂肪含量不高，大多由不饱和脂肪酸构成，人体对其的消化率在95%左右。

下篇 轻断食
实践篇

在上篇中，介绍了不少低脂健康的果蔬汁和沙拉食谱，你是不是已经跃跃欲试了呢？那么，接下来我们就一起尝试轻断食吧！

虽说轻断食是一种相对简单、易于坚持并且低伤害、低风险的减脂瘦身方式，但也同样有着严格的大前提以及正确的做法，只有遵循了正确的原则，采用了合理的方式以及饮食计划，才能达到我们想要的效果，所以一起先来看看轻断食到底有哪些需要注意的事吧！

Part 1

早安果汁 + 两餐沙拉，坚持 5：2 轻断食减脂餐

在轻断食的过程中需要选择什么样的食材进食？怎么吃？如何开始自己的轻断食？怎样更容易坚持轻断食？如何确定自己是否适合轻断食……相信你还有一定的困惑，所以跟我一起先来看看这些问题的解答吧。

合理进行轻断食有很多益处，如有效延缓大脑衰老，避免记忆力下降以及行动能力变差；有效改善情绪状态，降低抑郁情绪产生的可能；控制血糖，减少糖尿病发生的可能；回归健康的生活方式，降低癌症等恶性以及慢性疾病的发生率；拥有更健康的身体状态、更标准的体重与身材。

那么，轻断食的原则是什么呢，该吃多少，怎么吃呢?

吃什么，吃多少

轻断食的原则是 2 天低热量饮食，5 天正常饮食。在 2 天低热量饮食期间，女性全天最多摄入 500 千卡的热量，男性则最多摄入 600 千卡的热量，其余 5 天则可以随意享受自己想要吃的食物，实行这样的轻断食计划并不难，而最重要的是要坚持。

在 2 天的断食日，尽量选择低糖、低脂肪、高蛋白以及低 GI 的食物，在有效降低热量以及脂肪的同时，可以延缓饥饿感的产生。

虾类和低脂肪的鱼类都是优质蛋白质的来源，糙米、藜麦等谷类是营养含量丰富的低GI食物，苹果、圣女果等是可口又低热量的食物。了解了各种食物的特点和优点，开始设计属于你的轻断食吧!

怎样开始轻断食

对于轻断食的初级体验者来说，选一个心情愉悦、身体状态良好、稍微忙碌一些并且有坚定信心的日子开始轻断食吧。

好的心情与身体状态让你对轻断食的体验产生积极影响，忙碌的日子也会降低人体对饥饿的关注以及对食物的过多期待。同样最重要的是坚定的信心，这是坚持轻断食计划的关键所在。

轻断食的烹饪秘诀

尽可能选择低热量、低脂肪、高蛋白质以及低 GI 的食材

GI 指的是“血糖生成指数”，它反映了某种食物与葡萄糖相比升高血糖的速度和能力。

高 GI 食物由于进入肠道后消化快、吸收好，葡萄糖能够迅速进入血液，所以易导致血糖的快速上升。而低 GI 食物由于进入肠道后停留的时间长，释放缓慢，葡萄糖进入血液后峰值较低，引起餐后血糖反应较小，需要的胰岛素也相应减少，所以避免了血糖的剧烈波动。低 GI 食物既可以防止血糖升高，也可以防止血糖降低，能有效地控制血糖。

值得一提的是，低 GI 食物非常容易产生饱腹感，同时对胰岛素水平影响较小，而胰岛素能够促进糖原、脂肪和蛋白质的合成，因此食用低 GI 食物一般能够帮助身体燃烧脂肪或减少脂肪的储存，从而达到瘦身的作用。而高 GI 食物则恰恰相反。

常见的低 GI 食物	
五谷类	藜麦、荞麦面、黑米、小米、意面
蔬菜及菌类	大白菜、黄瓜、苦瓜、芹菜、茄子、青椒、金针菇、香菇、菠菜、番茄、豆芽、芦笋、西蓝花、洋葱、生菜
豆类及豆制品	黄豆、鹰嘴豆、绿豆、豆腐
蔬果类	苹果、梨、橙、桃、提子、车厘子、柚子、草莓、樱桃、金橘、葡萄、木瓜
饮品类	低脂奶、脱脂奶、红茶、低脂酸奶、无糖豆浆

选择自己喜爱的并且兼顾健康的烹饪方式

有的蔬菜类食材生吃时有爽脆多汁的口感，例如生菜、番茄等直接食用口感和营养俱佳。有的则适合烹饪熟了后再食用，例如土豆、南瓜以及红薯等食材；芦笋、胡萝卜以及菌菇等食材，烹煮过后营养物质更容易被人体吸收，那么选择合适的烹饪方式让断食日的饮食更加美味可口就尤为重要。

为了兼顾健康低脂的饮食，在食材的烹饪中尽量降低油和糖的使用也是需要注意的关键点。蒸或煮是推荐的更低脂、低热量的烹饪方式，如果不可避免或者喜欢用煎、炒等方式来加工某些食材，那么还是建议尽量减少油和糖的使用。

煎炒的时候使用不粘锅，可以有效减少油脂的使用量

不粘锅可以做到用更少量的油来烹饪美味的食材，相对于普通锅做出的料理更低油低脂，如果没有不粘锅，可以选择在食材快要粘锅的时候适量滴入少许水防粘，而不要盲目增加油的用量，违背了低油低脂的原则。

膳食纤维既能增加饱腹感又低热量

在断食日可以适当增加膳食纤维的摄入量，膳食纤维多的食材往往具有低热量、高饱腹感的特点，可以延缓饥饿感的来临。对于果蔬汁而言，保留膳食纤维的果昔相对于去掉膳食纤维的果汁更具有饱腹感。

蛋白质含量的提升可以延缓饥饿感的产生

蛋白质对处于断食日的人来说是很好的营养物质来源，但是记得选择高蛋白质、低脂肪的食材，才能有效地控制热量。

注意乳制品的选择，避开热量陷阱，低脂很重要

在断食日时，仍旧可以选择摄入乳制品，其中的蛋白质和钙是人体所需的优质营养素，但是在选择中要注意选用低脂的牛奶、奶酪，同时避开奶油、奶精等食材的摄入，咖啡中所使用的奶精、奶油等都隐藏着热量陷阱。

柠檬和沙拉酱汁中的酸性物质可以有效提高蔬菜中铁的吸收率

在使用含铁量较高的蔬菜制作沙拉时，可以用柠檬汁或者橙汁来调味，不仅增添了风味，还可以促进铁元素的吸收。同时，也可以添加一些坚果以及白芝麻等食材，不仅能提高人体对优质蛋白质的摄取率，还增添了沙拉整体的味道和口感。

制作时尽量让食物美味适口

如果你对沙拉中的某些蔬菜不那么感兴趣，丰富可口的沙拉酱汁就是改善口味必不可少的了。同时，在制作沙拉的过程中添加香气迷人的香草、辣椒等食材，也可以有效改善沙拉的整体口感，让低脂、低热量的食材也富有味觉吸引力。

坚持轻断食的 10 个方法

❶ 首先对自己的身体状态进行评估与了解。

❷ 选择志同道合的伙伴一起进行轻断食，更容易相互鼓励并一起坚持。

❸ 准确计算断食日的热量摄取，避开热量陷阱。

❹ 保持充实的生活与工作，降低对食欲的关注与饥饿感的感受。

❺ 适当进行运动，可以促进心情的愉悦。

❻ 摄取充足的水分，由于断食日食物的摄取量降低，而我们人体所获得的水分很大一部分来自于食物中，所以断食日增加水分的摄入量至关重要。

❼ 稍微刻意降低对高热量、高脂肪食物的欲望，不要一直把注意力放在这些食物上。

❽ 保持良好的心态、愉悦的心情以及坚定的信念至关重要。

❾ 避免“只要开始轻断食，每天都会降低一些体重”的错误想法，保持健康的身心状态，坚持按照要求与原则去做就好，切勿对降低体重急功近利。

❿ 记得现在开始永远不晚，坚持才更加重要。

哪些人适合轻断食

❶ 肥胖的人；

❷ 长期便秘的人；

❸ “三高”人群及患有其他慢性疾病的患者；

❹ 长痘、长斑、脸色蜡黄的人；

❺ 容易生病，免疫力低下的人；

❻ 抽烟、酗酒或有其他不良嗜好的人；

❼ 饮食习惯不好，不按时吃饭或常吃快餐的人；

❽ 工作压力大，经常加班应酬的人；

❾ 睡眠质量差，熬夜、失眠的人。

哪些人不适合轻断食

虽然轻断食是一种相对健康并且容易坚持的瘦身以及改善身体状态的方式，但并不是所有的人都适合轻断食，下面我们来介绍一些不适合轻断食的人群以及原因。

孕妇

孕妇正处于需要每日及时补充营养的阶段，只有摄入充足的优质营养才能保证胎儿的正常发育以及母体的健康，因此不宜进行轻断食。

儿童

儿童正处于生长发育阶段，并且儿童对于轻断食的理解、坚持以及对饥饿感的接受与情绪控制能力相对较低，可能会因为饥饿感的产生而出现哭闹、情绪低落等心理上的消极现象，对于身心发展并不是很有利，所以并不建议儿童进行轻断食。对于体重超标或者肥胖的儿童来说，选择健康的低脂肪、低糖的饮食更加合理。

体重低于标准体重 25% 的人

对于低体重、营养不良或者贫血的人群而言，最主要的是积极摄取各种食物，保证营养素的供给以维持机体的正常功能才是最重要的。

疾病患者

某些疾病患者比如精神病患者、病危患者、身体极度虚弱者，不建议进行轻断食。

关于轻断食的问与答

1. 怎样分配一周 2 天轻断食与 5 天正常吃的时间?

原则上对于一周怎样分配 2 天轻断食与 5 天正常吃没有严格的要求，但是考虑到现代人的生活与工作的节奏，还是建议大家避开周五、周六和周日。周末的聚餐和放松的状态相信大家都不想错过，如果在聚会等社交活动中坚持控制热量的摄取，大概是一件令自己痛苦、让他人不尽兴的事，所以可以选择周一作为轻断食的其中一天。

断食日保持良好的心情去度过是很重要的，所以在周末聚会放松的满足食欲之后，也会更有心情和状态来面对低热量摄入的一天。

那么第二个断食日怎么选择呢？当然你可以选择周二继续进行低热量的轻断食计划，可是连续的低热量饮食可能会引起心情的低落、体能的下降以及产生无法坚持的消极想法等，为了保持好的心情状态以及对轻断食的坚定信心，我们建议不选连续的两天进行轻断食，以便让身心保持良好的状态，来迎接下一次的轻断食日，那么周三、周四就是不错的选择啦。

2. 断食日一定要坚持 24 小时吗?

答案是肯定的，24 小时对于轻断食计划而言是最短的并且最容易接受与坚持的低热量饮食时间。

3. 断食日需要增加保健品的摄入吗?

轻断食只是一种间隔的、偶尔降低热量摄取的饮食计划，而不是停止摄入食物以及营养素，在保证营养素的积极摄入，热量、脂肪与糖的摄入降低等原则下，是不会影响人体所需营养素的摄入量的，所以只需要保持原有的计划，在食物中选择合理的食材搭配即可，不必额外补充保健品。

4. 断食日是否可以进行一定的运动?

运动与轻断食并不冲突，轻断食的计划与原则并不影响正常的生活、工作与运动。适当的运动不但不会影响人的机体功能，反而会提高代谢率，让机体消耗多余的脂肪，达到瘦身、健身的效果。

同样，适当的运动也具有改善心情的作用，可以在断食日避免产生低落消极情绪。所以，放心地适当运动吧!

5. 断食日会出现低血糖或头晕乏力的现象吗?

如果你是适合进行轻断食的人群，并且按照健康合理的方式进行轻断食，那么基本不会出现低血糖或者浑身无力、懈怠消极的情况。轻微的心情低落和体力下降可能会出现，但是即便出现这些情况，人体自身也可以轻松缓解或调节。

6. 断食日可以喝酒或咖啡吗?

酒或酒精饮料虽然味道可口且能带来愉悦与放松的感觉，但是不可否认的是它们含有较高的热量，所以建议在2天的低热量断食日期间戒除酒精的摄入。

对于咖啡而言，适量饮用咖啡有益健康，例如延缓大脑老化、改善心脏功能等，所以咖啡的摄入并不与轻断食计划相冲突，但是要注意的是，要摄取热量和脂肪低的黑咖啡，千万不要饮用含有奶油、奶精、巧克力等其他高脂高热量食材的咖啡制品。

7. 非断食日可以对所摄取的食物不加限制吗?

原则上当然可以不加限制，在非断食日你可以随心所欲地享受想吃的食物。但是事实上经过轻断食日后，并不会出现你想象中的因饥饿而产生的暴饮暴食状况，反而会出现温和的食欲，这就是轻断食的神奇之处。

当然，尽量避免出现为了弥补心理上的不平衡刻意地暴饮暴食，轻断食的理念一向倡导的是健康温和的饮食理念，所以摄取更多健康的食物和选择健康的饮食方式才对人体更加有益。

8. 什么时候开始轻断食最好?

如果你准备好了，那么就是现在。

Part 2

4周饮食计划，帮你度过5：2轻断食前4周

了解了关于轻断食计划的一些基本前提和疑问后，就可以正式开始轻断食计划啦。在这个部分中，为大家提供由各式果蔬汁和沙拉组成的4周轻断食计划，并且每周都有2种主题食材，可以让你深度了解沙拉和低脂饮食的和谐关系。

在这个部分中，我们为大家选择了周一和周四作为断食日。在周末的享受和放松以后，第一天的低热量饮食很快就会过去，穿插两天正常饮食，周四再来一天低热量断食日。

需要注意的是，断食日请你一定按照本书中提供的热量方案进行饮食；非断食日你可以按照本书的建议制作果蔬汁和沙拉，也可以吃你想吃的任何食物。

第一周　主题食材：西蓝花、番茄（或圣女果）

周一	低热量饮食日	🔥
周二	正常饮食日	🔥🔥🔥
周三	正常饮食日	🔥🔥🔥
周四	低热量饮食日	🔥
周五	正常饮食日	🔥🔥🔥
周六	正常饮食日	🔥🔥🔥
周日	正常饮食日	🔥🔥🔥

周一低热量饮食

（总热量 496.5 千卡）

请按照本页提供的食物热量，严格控制饮食，男性每日控制在 600 千卡以内，女性每日控制在 500 千卡以内。

早餐｜树莓香蕉奶昔

材　料：树莓 40 克，香蕉 40 克，脱脂牛奶 100 克。

食物名	热量（千卡）
树莓	21.6
香蕉	37.2
冰牛奶	35.1
总热量	93.9

午餐｜煎三文鱼西蓝花沙拉

主　料：三文鱼 80 克，西蓝花 100 克，圣女果 50 克，生菜 50 克，洋葱 10 克。

辅　料：盐 2 克，黑胡椒碎 2 克，橄榄油 3 克，柠檬 5 克。

沙拉酱汁：红酒洋葱酱（见 35 页）。

食物名	热量（千卡）
三文鱼	79.2
西蓝花	36
圣女果	10
生菜	7.5
洋葱	33.9
橄榄油	27
总热量	193.6

晚餐｜西蓝花鲜虾沙拉

主　料：鲜虾 100 克，西蓝花 80 克，圣女果 50 克，鸡蛋半个（约 25 克），罐头装鹰嘴豆 10 克，生菜 50 克。

辅　料：柠檬 5 克，黑胡椒碎 1 小撮。

沙拉酱汁：橄榄油黑椒汁（见 34 页）。

食物名	热量（千卡）
鲜虾	93
西蓝花	28.8
圣女果	10
鸡蛋	36
鹰嘴豆	33.7
生菜	7.5
总热量	209

周二正常饮食

可按以下食谱制作果蔬汁和沙拉，也可根据自己的喜好吃任何想吃的食物。

早餐｜胡萝卜番茄汁

材　料：胡萝卜 80 克，番茄 100 克，去皮柠檬 5 克，矿泉水 100 克。

午餐｜土豆泥圣诞花环沙拉

主　料：土豆 150 克，西蓝花 100 克，圣女果 50 克，生菜 50 克，罐头装红腰豆 10 克，玉米粒 50 克。

辅　料：牛奶 10 克，黑胡椒碎 1 小撮，盐 1 小撮。

沙拉酱汁：低卡蛋黄酱（见 31 页）。

Tips：此沙拉制作的关键步骤：先将土豆煮熟后加盐、黑胡椒碎和牛奶，捣成泥，处理成环状，再在上面插上煮熟的西蓝花和处理好的其他食材。

晚餐｜香烤吐司鲜虾时蔬沙拉

主　料：原味吐司 1 片（约 80 克），西蓝花 100 克，圣女果 60 克，鲜虾 5 只（约 150 克），玉米粒 30 克，生菜 100 克。

辅　料：蒜末 3 克，橄榄油 10 克，盐 1 小撮，柠檬 5 克。

沙拉酱汁：香辣红醋酱（见 42 页）。

周三正常饮食

可按以下食谱制作果蔬汁和沙拉，也可根据自己的喜好吃任何想吃的食物。

早餐｜西班牙番茄冷汤配面包

材　料：番茄 200 克，洋葱 10 克，矿泉水 50 克，法棍 80 克。

辅　料：去皮柠檬 5 克，黑胡椒粉 1 克，橄榄油 5 克，大蒜 2 克，香菜 2 克，盐适量。

装饰材料：香芹碎适量，迷迭香少许。

午餐｜鲜虾土豆泥时蔬沙拉

主　料：鲜虾 5 只（约 150 克），西蓝花 100 克，圣女果 50 克，生菜 50 克，洋葱 10 克，土豆 100 克。

辅　料：牛奶 10 克，黑胡椒碎 1 小撮，盐 1 小撮，香芹碎 1 小撮。

沙拉酱汁：番茄酸黄瓜酱（见 32 页）。

> Tips：土豆的处理方法：土豆煮熟后，混合牛奶、黑胡椒碎和盐，捣成泥。

晚餐｜烤南瓜鸡肉藜麦沙拉

主　料：南瓜 200 克，西蓝花 100 克，圣女果 50 克，鸡胸肉 100 克，藜麦（未煮）35 克。

辅　料：橄榄油 10 克，黑胡椒碎 1 小撮，盐 1 小撮。

沙拉酱汁：香草油醋汁（见37页）。

周四低热量饮食

（总热量 487 千卡）

请按照本页提供的食物热量，严格控制饮食，男性每日控制在 600 千卡以内，女性每日控制在 500 千卡以内。

早餐｜雪梨番茄汁

材　料：雪梨 80 克，番茄 100 克，去皮柠檬 5 克，矿泉水 100 克。

食物名	热量（千卡）
雪梨	63.2
番茄	20
柠檬	1.9
总热量	85.1

午餐｜海苔手卷沙拉

材　料：寿司海苔 1 张（约 5 克），西蓝花 100 克，圣女果 50 克，生菜 50 克，洋葱 10 克，黄瓜 30 克。

沙拉酱汁：和风芝麻酱（见 38 页）。

食物名	热量（千卡）
海苔	12.5
西蓝花	36
圣女果	10
生菜	7.5
洋葱	33.9
黄瓜	4.8
总热量	104.7

晚餐｜法式烤杂蔬沙拉

主　料：红甜椒 120 克，黄甜椒 120 克，西蓝花 60 克，圣女果 60 克，生菜 80 克，洋葱 30 克。

辅　料：黑胡椒碎适量，盐适量，橄榄油 10 克。

沙拉酱汁：普罗旺斯沙拉汁（见 36 页）。

食物名	热量（千卡）
甜椒	60
西蓝花	21.6
圣女果	12
生菜	12
洋葱	101.7
橄榄油	89.9
总热量	297.2

周五正常饮食 🔥🔥🔥

可按以下食谱制作果蔬汁和沙拉，也可根据自己的喜好吃任何想吃的食物。

早餐｜柳橙番茄汁

材　料：柳橙 100 克，番茄 80 克，去皮柠檬 5 克，矿泉水 100 克。

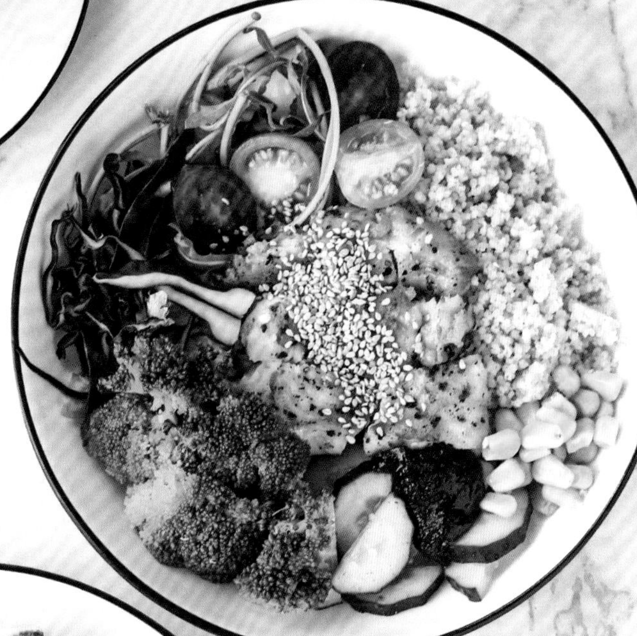

午餐｜咖喱小米沙拉

主　料：小米（未煮）35 克，龙利鱼排 100 克，西蓝花 50 克，紫甘蓝 20 克，玉米粒 50 克，圣女果 60 克，黄瓜 30 克，芝麻菜 15 克。

辅　料：炒香白芝麻适量，盐 1 小撮，黑胡椒碎适量，橄榄油 5 克。

沙拉酱汁：咖喱酱（见 40 页）。

晚餐｜肉末豆腐沙拉

主　料：牛肉末 60 克，豆腐 150 克，西蓝花 60 克，圣女果 60 克，紫甘蓝 20 克，生菜 50 克。

辅　料：洋葱 20 克，盐适量，橄榄油 15 克，法式香草少许，盐 1 小撮。

沙拉酱汁：中式酸辣汁（见 43 页）。

周六正常饮食

可按以下食谱制作果蔬汁和沙拉，也可根据自己的喜好吃任何想吃的食物。

早餐｜金橘柠檬番茄汁

材　料：金橘 80 克，番茄 100 克，去皮柠檬 15 克，矿泉水 100 克。

午餐｜双色菜花沙拉

材　料：菜花 100 克，西蓝花 100 克，圣女果 60 克，鸡胸肉 100 克。

沙拉酱汁：中式酸辣汁（见 43 页）。

晚餐｜烤蔬菜牛肉沙拉

主　料：紫皮茄子 80 克，西蓝花 80 克，南瓜 80 克，圣女果 50 克，胡萝卜 50 克，牛排 100 克，洋葱 20 克。

辅　料：酸黄瓜 10 克，橄榄油 20 克，盐 1 克，黑胡椒碎 1 克。

沙拉酱汁：橄榄油黑椒汁（见 34 页）。

Tips：沙拉制作关键步骤：南瓜、茄子、西蓝花和洋葱切块后，混合 12 克橄榄油、盐以及黑胡椒碎，放入预热 180℃的烤箱中烤到熟软。

周日正常饮食

可按以下食谱制作果蔬汁和沙拉，也可根据自己的喜好吃任何想吃的食物。

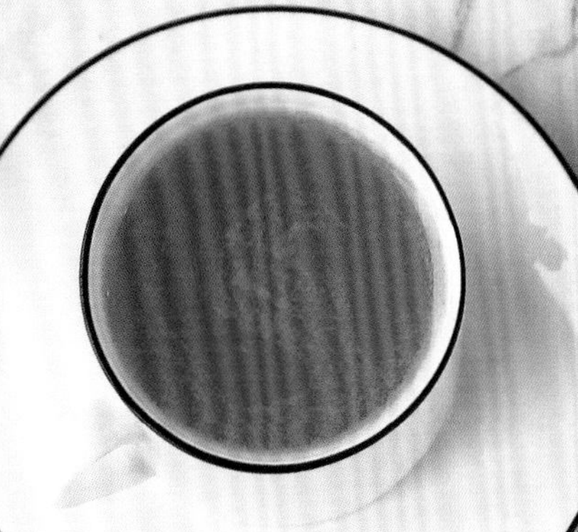

早餐｜苹果柠檬番茄汁

材　料：苹果 80 克，番茄 100 克，去皮柠檬 15 克，矿泉水 100 克。

午餐｜糙米低脂时蔬沙拉

材　料：糙米（未煮）35 克，西蓝花 100 克，圣女果 50 克，鸡胸肉 100 克，鸡蛋 1 个，罐头装鹰嘴豆 20 克，罐头装红腰豆 20 克，生菜 50 克。

沙拉酱汁：经典照烧汁（见 39 页）。

晚餐｜金枪鱼土豆沙拉

材　料：金枪鱼 80 克，西蓝花 100 克，生菜 60 克，洋葱 20 克，土豆 100 克，圣女果50克，玉米粒20克。

沙拉酱汁：鱼露酸辣汁（见 44 页）。

第二周　主题食材：牛油果、玉米粒

周一	低热量饮食日	🔥
周二	正常饮食日	🔥🔥🔥
周三	正常饮食日	🔥🔥🔥
周四	低热量饮食日	🔥
周五	正常饮食日	🔥🔥🔥
周六	正常饮食日	🔥🔥🔥
周日	正常饮食日	

周一低热量饮食

（总热量 494.8 千卡）

请按照本页提供的食物热量，严格控制饮食，男性每日控制在 600 千卡以内，女性每日控制在 500 千卡以内。

早餐｜抹茶牛油果奶昔

材　料：抹茶 3 克，牛油果 30 克，蜂蜜 3 克，脱脂牛奶 100 克。

食物名	热量（千卡）
抹茶	9.9
牛油果	48.3
蜂蜜	9.6
冰牛奶	35.1
总热量	102.9

午餐｜什果燕麦沙拉

材　料：红心火龙果 50 克，牛油果 30 克，香蕉 30 克，芒果 30 克，蓝莓 10 克，即食燕麦片 20 克，牛奶 50 克，柠檬 5 克。

食物名	热量（千卡）
火龙果	30
牛油果	48.3
香蕉	27.9
芒果	10.5
蓝莓	5.7
即食燕麦片	75.4
牛奶	29.5
总热量	227.3

晚餐｜煎芦笋鸡胸肉沙拉

主　料：芦笋 50 克，鸡胸肉 40 克，罐头装红腰豆 15 克，牛油果 20 克，玉米粒 20 克。

辅　料：柠檬 5 克，橄榄油 3 克。

沙拉酱汁：红酒洋葱酱（见35页）。

食物名	热量（千卡）
芦笋	11
鸡胸肉	53.2
红腰豆	18.8
牛油果	32.2
玉米粒	22.4
橄榄油	27
总热量	164.6

周二正常饮食

可按以下食谱制作果蔬汁和沙拉，也可根据自己的喜好吃任何想吃的食物。

早餐｜芒果牛油果奶昔

材　料：芒果100克，牛油果75克，冰牛奶100克。

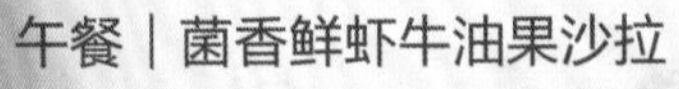

午餐｜菌香鲜虾牛油果沙拉

主　料：鲜虾5只（约150克），圣女果60克，玉米粒50克，牛油果75克，蟹味菇50克，生菜50克，罐头装鹰嘴豆30克。

辅　料：橄榄油10克，盐1小撮。

沙拉酱汁：和风芝麻酱（见38页）。

晚餐｜荸荠牛肉粒沙拉

主　料：荸荠（煮熟）80克，牛里脊或牛排100克，生菜50克，牛油果75克，玉米粒50克，罐头装红腰豆30克。

辅　料：橄榄油10克，黑胡椒碎1小撮，盐1小撮。

沙拉酱汁：红酒洋葱酱（见35页）。

周三正常饮食

可按以下食谱制作果蔬汁和沙拉，也可根据自己的喜好吃任何想吃的食物。

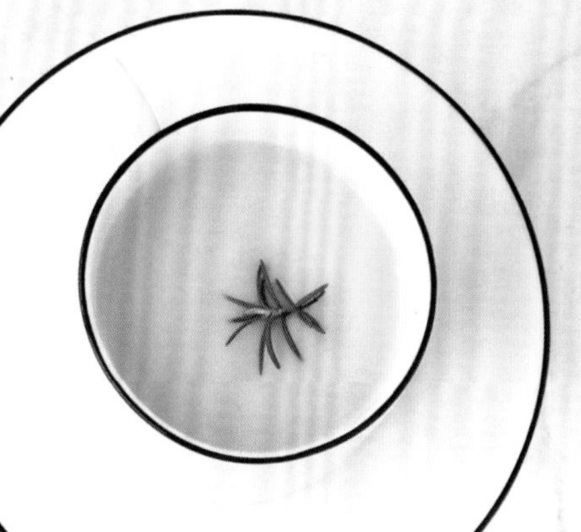

早餐｜奶香玉米汁

材　料：熟玉米粒 100 克，牛奶 150 克，蜂蜜 5 克。

午餐｜菠萝猪排沙拉

主　料：菠萝肉 80 克，猪排 80 克，牛油果 30 克，生菜 50 克，玉米粒 50 克，圣女果 60 克。

辅　料：橄榄油 5 克，盐 1 小撮，黑胡椒碎适量。

沙拉酱汁：香草油醋汁（见 37 页）。

> Tips：猪排制作步骤：猪排拍松后，用盐、黑胡椒碎腌制 15 分钟，然后加橄榄油煎熟即可。

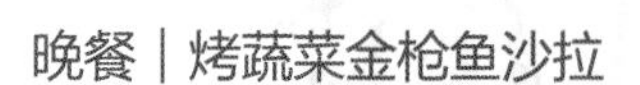

晚餐｜烤蔬菜金枪鱼沙拉

主　料：矿泉水浸金枪鱼罐头 60 克，红甜椒 50 克，黄甜椒 50 克，南瓜 80 克，胡萝卜 50 克，生菜 50 克，牛油果 50 克，玉米粒 30 克，圣女果 50 克，芦笋 20 克。

辅　料：黑胡椒碎 1 小撮，橄榄油 10 克，盐 1 小撮，迷迭香少许。

沙拉酱汁：香草油醋汁（见37页）。

> Tips：蔬菜制作步骤：甜椒、南瓜、胡萝卜切好后，混合黑胡椒、盐和橄榄油拌匀，放入预热 180℃的烤箱烤至熟软。

周四低热量饮食（总热量 499.8 千卡）

请按照本页提供的食物热量，严格控制饮食，男性每日控制在 600 千卡以内，女性每日控制在 500 千卡以内。

早餐｜香蕉木瓜奶昔

材　料：香蕉 30 克，木瓜 50 克，脱脂牛奶 100 克。

食物名	热量（千卡）
香蕉	27.9
木瓜	14.5
脱脂牛奶	35.1
总热量	77.5

午餐｜鸡蛋谷物时蔬沙拉

主　料：西蓝花 80 克，牛油果 20 克，鸡蛋半个（约 25 克），罐头装鹰嘴豆 10 克，玉米粒 30 克，罐头装红腰豆 10 克，樱桃萝卜 30 克。

辅　料：盐 1 小撮，香芹末少许。

沙拉酱汁：番茄酸黄瓜酱（见32页）。

食物名	热量（千卡）
西蓝花	28.8
牛油果	32.2
鸡蛋	36
鹰嘴豆	33.7
玉米粒	33.6
红腰豆	12.5
樱桃萝卜	6.3
总热量	183.1

晚餐｜煎甜椒牛肉沙拉

主　料：三色甜椒 150 克，牛里脊或牛排 50 克，生菜 50 克，牛油果 20 克，玉米粒 25 克。

辅　料：橄榄油 5 克，盐 1 小撮，黑胡椒碎 1 小撮，香芹末少许。

沙拉酱汁：香辣红醋酱（见42页）。

食物名	热量（千卡）
甜椒	37.5
牛里脊	89
生菜	7.5
牛油果	32.2
玉米粒	28
橄榄油	45
总热量	239.2

周五正常饮食

可按以下食谱制作果蔬汁和沙拉，也可根据自己的喜好吃任何想吃的食物。

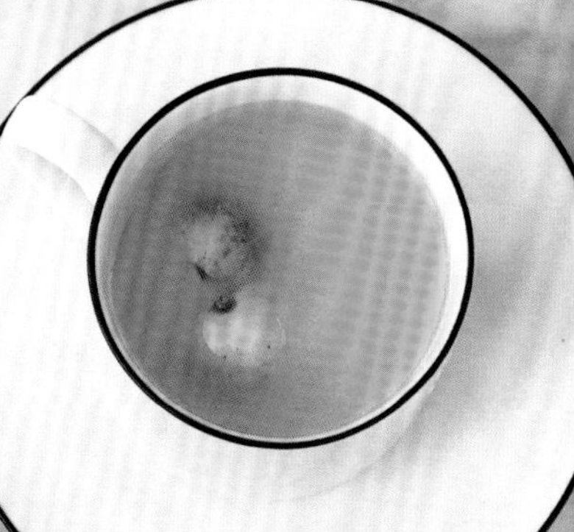

早餐｜金橘柠檬雪梨汁

材　料：金橘50克，柠檬10克，雪梨80克，冰水100克。

午餐｜椰浆紫米紫薯水果沙拉

主　料：紫米（未煮）35克，紫薯60克，核桃仁15克，草莓45克，香蕉60克，芒果45克，红心火龙果45克，椰浆100克，蜂蜜15克。

辅　料：椰蓉5克，杏仁片5克，牛奶10克。

晚餐｜糙米鲜菌沙拉

主　料：杏鲍菇75克，蟹味菇75克，牛油果75克，圣女果50克，糙米（未煮）35克，玉米粒50克，生菜50克。

辅　料：橄榄油10克，香芹末少许。

沙拉酱汁：香辣红醋酱（见42页）。

周六正常饮食

可按以下食谱制作果蔬汁和沙拉，也可根据自己的喜好吃任何想吃的食物。

早餐｜香浓紫薯奶昔

材　料：紫薯 80 克，牛奶 100 克，蜂蜜 5 克。

午餐｜香煎鳕鱼意面沙拉

主　料：贝壳意面（未煮）35 克，鳕鱼 100 克，玉米粒 50 克，樱桃萝卜 20 克，圣女果50克，生菜50克，牛油果75克。

辅　料：橄榄油 15 克，黑胡椒碎 1 小撮，盐 1 小撮。

沙拉酱汁：低卡蛋黄酱（见 31 页）。

晚餐｜芦笋培根鸡胸沙拉

主　料：芦笋 100 克，鸡胸肉 100 克，培根 60 克，生菜 50 克，牛油果 75 克，玉米粒 50 克，圣女果 30 克。

辅　料：橄榄油 15 克，黑胡椒碎 1 小撮，盐 1 小撮。

沙拉酱汁：豆豉蚝油酱（见 41 页）。

周日正常饮食

可按以下食谱制作果蔬汁和沙拉，也可根据自己的喜好吃任何想吃的食物。

早餐｜香蕉草莓酸奶沙拉

材　料：香蕉 50 克，草莓 50 克，蓝莓 30 克，奇亚子 5 克，酸奶 150 克。

午餐｜杂豆谷物沙拉

材　料：罐头装鹰嘴豆 30 克，罐头装红腰豆 30 克，牛油果 75 克，藜麦（未煮）35 克，玉米粒 50 克，豌豆 50 克，生菜 80 克。

沙拉酱汁：橄榄油黑椒汁（见 34 页）。

晚餐｜培根意面沙拉

主　料：贝壳意面（未煮）35 克，培根 60 克，生菜 80 克，牛油果 75 克，圣女果 60 克，玉米粒 50 克。

辅　料：橄榄油 5 克。

沙拉酱汁：番茄酸黄瓜酱（见 32 页）。

第三周　主题食材：黄瓜、生菜

周一	低热量饮食日	🔥
周二	正常饮食日	🔥🔥🔥
周三	正常饮食日	🔥🔥🔥
周四	低热量饮食日	🔥
周五	正常饮食日	🔥🔥🔥
周六	正常饮食日	🔥🔥🔥
周日	正常饮食日	🔥🔥🔥

周一低热量饮食

（总热量 487.7 千卡）

请按照本页提供的食物热量，严格控制饮食，男性每日控制在 600 千卡以内，女性每日控制在 500 千卡以内。

早餐｜青苹果黄瓜汁

材　料：青苹果 100 克，黄瓜 80 克，冰水 100 克，去皮柠檬 5 克。

食物名	热量（千卡）
青苹果	52
黄瓜	12.8
柠檬	1.9
总热量	66.7

午餐｜鸡蛋鹰嘴豆时蔬沙拉

材　料：鸡蛋半个（约 25 克），罐头装鹰嘴豆 10 克，紫甘蓝 50 克，莴笋 100 克，圣女果 50 克，黄瓜 80 克，玉米粒 25 克，香芹末少许。

沙拉酱汁：低卡蛋黄酱（见 31 页）。

食物名	热量（千卡）
鸡蛋	36
鹰嘴豆	33.7
紫甘蓝	11
莴笋	15
圣女果	10
黄瓜	12.8
玉米粒	28
总热量	146.5

晚餐｜土豆火腿时蔬沙拉

材　料：土豆 80 克，火腿片 40 克，樱桃萝卜 30 克，生菜 80 克，圣女果 50 克，黄瓜 80 克，豌豆 10 克，香芹末少许。

沙拉酱汁：低卡蛋黄酱（见 31 页）。

食物名	热量（千卡）
土豆	61.6
火腿	132
樱桃萝卜	6.3
生菜	12
圣女果	10
黄瓜	12.8
豌豆	39.8
总热量	274.5

周二正常饮食

可按以下食谱制作果蔬汁和沙拉，也可根据自己的喜好吃任何想吃的食物。

早餐｜番茄胡萝卜浓汤

材　料：面包 80 克，番茄 100 克，炒熟胡萝卜50克，炒熟土豆30克，炒熟洋葱30克，红甜椒 30 克，牛奶 80 克，橄榄油 5 克，盐适量，黑胡椒碎适量，香芹碎少许。

午餐｜柚香黄瓜鲜虾沙拉

主　料：鲜虾 5 只（约 150 克），黄瓜 100 克，柚子 50 克，葡萄柚 50 克，鸡蛋 1 个，圣女果 80 克。

辅　料：柠檬 5 克。

沙拉酱汁：鱼露酸辣汁（见 44 页）。

晚餐｜南瓜鲜虾意面沙拉

材　料：南瓜 150 克，鲜虾 5 只（约 150 克），贝壳意面（未煮）35 克，黄瓜 60 克，圣女果 30 克，生菜 100 克，熟白芝麻少许。

沙拉酱汁：经典照烧汁（见 39 页）。

周三正常饮食 🔥🔥🔥

可按以下食谱制作果蔬汁和沙拉，也可根据自己的喜好吃任何想吃的食物。

早餐｜苹果胡萝卜黄瓜汁

材　料：胡萝卜 100 克，苹果 100 克，黄瓜 60 克，冰水 100 克。

午餐｜烤菜花火腿沙拉

主　料：菜花 100 克，西蓝花 100 克，火腿片 60 克，黄瓜 60 克，圣女果 50 克，生菜 60 克。

辅　料：橄榄油 15 克，盐 1 克，黑胡椒碎 1 小撮，香芹末少许。

沙拉酱汁：香辣红醋酱（见 42 页）。

晚餐｜香煎鸡腿甜椒吐司沙拉

主　料：红甜椒 80 克，黄甜椒 80 克，去骨鸡腿 1 个，黄瓜 80 克，吐司 1 片。

辅　料：黑胡椒碎 1 小撮，盐 1 小撮，生抽 3 克，橄榄油 15 克，香芹末少许。

沙拉酱汁：橄榄油黑椒汁（见 34 页）。

周四低热量饮食
（总热量 495.8 千卡）

请按照本页提供的食物热量，严格控制饮食，男性每日控制在 600 千卡以内，女性每日控制在 500 千卡以内。

早餐｜圣女果黄瓜汁

材　料：圣女果 100 克，黄瓜 100 克，去皮柠檬 5 克，冰水 100 克。

食物名	热量（千卡）
圣女果	20
黄瓜	16
去皮柠檬	1.9
总热量	37.9

午餐｜金枪鱼时蔬沙拉

主　料：金枪鱼 50 克，黄瓜 80 克，罐头装红腰豆 30 克，玉米粒 25 克，豌豆 10 克，圣女果 50 克，生菜 50 克。

辅　料：杏仁片 5 克。

沙拉酱汁：鱼露酸辣汁（见 44 页）。

食物名	热量（千卡）
金枪鱼	94.5
黄瓜	12.8
红腰豆	37.5
玉米粒	28
豌豆	39.8
圣女果	10
生菜	7.5
总热量	230.1

晚餐｜香煎三文鱼藜麦沙拉

主　料：三文鱼 90 克，藜麦（未煮）20 克，樱桃萝卜 30 克，黄瓜 80 克，圣女果 50 克，生菜 60 克。

辅　料：橄榄油 3 克，黑胡椒碎 1 小撮，盐 1 小撮，杏仁片 5 克，柠檬 5 克。

沙拉酱汁：红酒洋葱酱（见35页）。

食物名	热量（千卡）
三文鱼	89.1
藜麦	73.6
樱桃萝卜	6.3
生菜	9
圣女果	10
黄瓜	12.8
橄榄油	27
总热量	227.8

周五正常饮食

可按以下食谱制作果蔬汁和沙拉，也可根据自己的喜好吃任何想吃的食物。

早餐｜热带风味水果酸奶

材　料：芒果60克，葡萄柚50克，百香果1个，苹果50克，酸奶200克。

午餐｜鲜笋糙米火腿沙拉

材　料：冬笋100克，生菜80克，火腿片60克，圣女果50克，樱桃萝卜30克，糙米（未煮）35克，罐头装红腰豆40克。

沙拉酱汁：香辣红醋酱（见42页）。

晚餐｜金枪鱼田园沙拉

材　料：金枪鱼80克，鸡蛋1个（约50克），土豆80克，黄瓜60克，罐头装鹰嘴豆30克，豌豆50克，玉米粒50克，圣女果50克，生菜100克。

沙拉酱汁：低卡蛋黄酱（见31页）。

周六正常饮食

可按以下食谱制作果蔬汁和沙拉，也可根据自己的喜好吃任何想吃的食物。

早餐｜葡萄柚甜瓜汁

材　料：葡萄柚 100 克，甜瓜 100 克，冰水 100 克。

午餐｜芒果蟹柳沙拉

主　料：蟹柳 100 克，芒果 60 克，生菜 80 克，圣女果 50 克，洋葱 30 克。

辅　料：柠檬2片，熟白芝麻1小撮。

沙拉酱汁：鱼露酸辣汁（见 44 页）。

晚餐｜什菌牛肉末意面沙拉

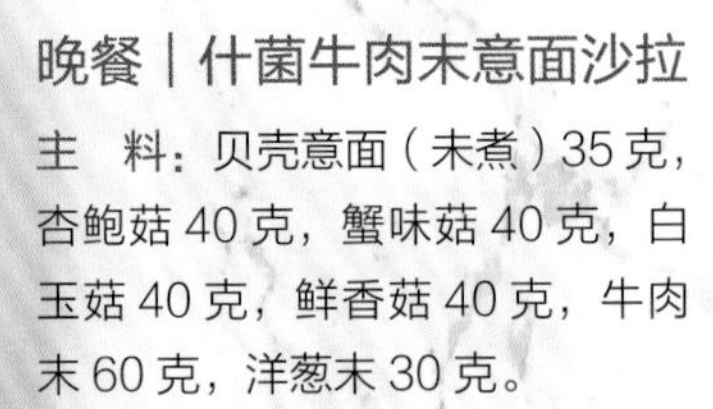

主　料：贝壳意面（未煮）35 克，杏鲍菇 40 克，蟹味菇 40 克，白玉菇 40 克，鲜香菇 40 克，牛肉末 60 克，洋葱末 30 克。

辅　料：橄榄油 15 克，盐适量，葱花少许。

沙拉酱汁：和风芝麻酱（见 38 页）。

周日正常饮食

可按以下食谱制作果蔬汁和沙拉，也可根据自己的喜好吃任何想吃的食物。

早餐｜什锦果干坚果酸奶

材　料：蔓越莓干 25 克，黑加仑干 25 克，葡萄干 25 克，核桃仁 25 克，杏仁片 15 克，树莓 30 克，酸奶 200 克。

午餐｜混合谷物火腿沙拉

材　料：火腿片 60 克，圣女果 60 克，罐头装鹰嘴豆 50 克，豌豆 50 克，黄瓜 80 克，玉米粒 50 克，藜麦（未煮）35 克，生菜 80 克。

沙拉酱汁：中式酸辣汁（见 43 页）。

晚餐｜煎蛋牛肉泰式沙拉

材　料：鸡蛋 1 个（约 50 克），牛里脊或牛排 100 克，黄瓜 80 克，圣女果 60 克，生菜 80 克，樱桃萝卜 30 克。

辅　料：橄榄油 15 克，黑胡椒碎 1 小撮，盐 1 小撮。

沙拉酱汁：鱼露酸辣汁（见 44 页）。

第四周　主题食材：生菜、圆白菜（或紫甘蓝）

周一	低热量饮食日	🔥
周二	正常饮食日	🔥🔥🔥
周三	正常饮食日	🔥🔥🔥
周四	低热量饮食日	🔥
周五	正常饮食日	🔥🔥🔥
周六	正常饮食日	🔥🔥🔥
周日	正常饮食日	🔥🔥🔥

周一低热量饮食

（总热量 496.1 千卡）

请按照本页提供的食物热量，严格控制饮食，男性每日控制在 600 千卡以内，女性每日控制在 500 千卡以内。

早餐｜石榴柳橙紫甘蓝汁

材　料：石榴 70 克，柳橙 50 克，紫甘蓝 30 克，冰水 100 克。

食物名	热量（千卡）
石榴	51.1
柳橙	24
紫甘蓝	6.6
总热量	81.7

午餐｜牛肉末鹰嘴豆沙拉

主　料：牛肉末 50 克，洋葱末 10 克，罐头装鹰嘴豆 20 克，紫甘蓝 60 克，生菜 80 克，圣女果 60 克。

辅　料：橄榄油 3 克，盐 1 小撮。

沙拉酱汁：橄榄油黑椒汁（见 34 页）。

食物名	热量（千卡）
牛肉	62.5
洋葱	33.9
鹰嘴豆	67.4
紫甘蓝	13.2
生菜	12
圣女果	12
橄榄油	27
总热量	228

晚餐｜五彩时蔬沙拉

主　料：紫甘蓝 80 克，黄瓜 80 克，生菜 80 克，鸡蛋 1 个（约 50 克），圣女果 80 克，玉米粒 50 克。

辅　料：柠檬 5 克。

沙拉酱汁：红酒洋葱酱（见 35 页）。

食物名	热量（千卡）
紫甘蓝	17.6
黄瓜	12.8
生菜	12
鸡蛋	72
圣女果	16
玉米粒	56
总热量	186.4

周二正常饮食

可按以下食谱制作果蔬汁和沙拉，也可根据自己的喜好吃任何想吃的食物。

早餐｜彩椒浓汤配面包

材　料：面包 100 克，红甜椒 50 克，黄甜椒 50 克，煮熟土豆 60 克，牛奶 60 克，纯净水 60 克，洋葱 10 克，盐 1 小撮，大蒜 1 小瓣。

午餐｜香煎杏鲍菇火腿沙拉

主　料：杏鲍菇 100 克，紫甘蓝 60 克，黄瓜 60 克，生菜 80 克，火腿片 80 克，圣女果 50 克，鸡蛋半个。

辅　料：橄榄油 15 克，盐 1 小撮，黑胡椒碎 1 小撮，熟白芝麻 1 小撮。

沙拉酱汁：低卡蛋黄酱（见 31 页）。

晚餐｜香辣时蔬沙拉

主　料：紫甘蓝 80 克，圆白菜 80 克，胡萝卜 80 克，生菜 80 克，黄瓜 60 克。

辅　料：熟白芝麻3克，香菜10克。

沙拉酱汁：中式酸辣汁（见43页）。

周三正常饮食

可按以下食谱制作果蔬汁和沙拉，也可根据自己的喜好吃任何想吃的食物。

早餐｜南瓜浓汤配面包

材　料：面包 100 克，熟南瓜 100 克，牛奶 70 克，水 70 克，洋葱 10 克，黑胡椒粉 1 小撮，盐 1 小撮，香芹碎少许。

午餐｜培根菌菇沙拉

主　料：培根 60 克，蟹味菇 60 克，紫甘蓝 60 克，生菜 80 克，杏鲍菇 60 克，罐头装红腰豆 20 克。

辅　料：橄榄油 15 克，盐 1 小撮。

沙拉酱汁：香草油醋汁（见 37 页）。

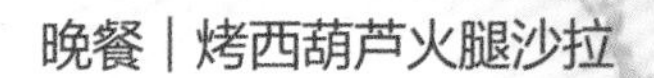

晚餐｜烤西葫芦火腿沙拉

主　料：西葫芦 100 克，火腿片 80 克，紫甘蓝 60 克，圣女果 60 克，生菜 80 克。

辅　料：橄榄油 15 克，黑胡椒碎 1 小撮，盐 1 小撮，柠檬 10 克，香芹末少许。

沙拉酱汁：普罗旺斯沙拉汁（见 36 页）。

周四低热量饮食
（总热量 494.7 千卡）

请按照本页提供的食物热量，严格控制饮食，男性每日控制在 600 千卡以内，女性每日控制在 500 千卡以内。

早餐｜金橘柠檬紫甘蓝汁

材　料： 金橘 80 克，紫甘蓝 30 克，柠檬 20 克，冰水 100 克，蜂蜜 10 克。

食物名	热量（千卡）
金橘	46.4
紫甘蓝	6.6
柠檬	7.4
蜂蜜	32.1
总热量	92.5

午餐｜日式圆白菜沙拉

主　料： 圆白菜 150 克，胡萝卜 80 克，生菜 50 克，鸡蛋 1 个（约 50 克）。

辅　料： 柠檬5克，熟白芝麻3克。

沙拉酱汁： 和风芝麻酱（见38页）。

食物名	热量（千卡）
圆白菜	36
胡萝卜	31.2
生菜	7.5
鸡蛋	72
白芝麻	16.1
总热量	162.8

晚餐｜中式时蔬粉丝沙拉

主　料： 水发粉丝 50 克，樱桃萝卜 45 克，紫甘蓝 60 克，生菜 80 克，圣女果 50 克，黄瓜 60 克。

辅　料： 香菜20克，熟白芝麻3克，柠檬 10 克。

沙拉酱汁： 中式酸辣汁（见 43 页）。

食物名	热量（千卡）
粉丝	169
樱桃萝卜	9.5
紫甘蓝	13.2
生菜	12
圣女果	10
黄瓜	9.6
白芝麻	16.1
总热量	239.4

周五正常饮食

可按以下食谱制作果蔬汁和沙拉，也可根据自己的喜好吃任何想吃的食物。

早餐｜蘑菇浓汤配面包

材　料：面包 100 克，口蘑 100 克，洋葱 30 克，牛奶 50 克，纯净水 100 克，秀珍菇适量（炒熟后当装饰用），黑胡椒粉适量，盐适量，橄榄油 10 克。

Tips：制作步骤：口蘑、洋葱加橄榄油炒香后，混合牛奶和纯净水打成浓汤，调味并用炒熟的秀珍菇装饰即可。

午餐｜海鲜意面沙拉

材　料：螺旋意面（未煮）35 克，鱿鱼圈 60 克，墨鱼花 60 克，生菜 60 克，紫甘蓝 60 克，胡萝卜 60 克，鸡蛋半个（约 25 克），洋葱 20 克，黄瓜 15 克。

沙拉酱汁：鱼露酸辣汁（见 44 页）。

晚餐｜茄汁鳕鱼时蔬沙拉

主　料：鸡蛋半个（约 25 克），紫甘蓝 50 克，圆白菜 60 克，生菜 60 克，圣女果 80 克，鳕鱼 100 克，黄瓜 60 克。

辅料：橄榄油 10 克，黑胡椒碎 1 小撮，盐 1 小撮，柠檬 10 克。

沙拉酱汁：番茄沙司。

周六正常饮食

可按以下食谱制作果蔬汁和沙拉，也可根据自己的喜好吃任何想吃的食物。

早餐｜培根土豆浓汤配面包

材　料：面包 100 克，培根 20 克，土豆 80 克，牛奶 100 克，黑胡椒粉适量，洋葱 30 克，盐适量，黄油 10 克。

午餐｜玉米火腿沙拉

主　料：玉米粒 100 克，火腿 50 克，鸡蛋 1 个（约 50 克），圣女果 60 克，生菜 60 克，紫甘蓝 60 克。

辅　料：柠檬 10 克。

沙拉酱汁：中式酸辣汁（见 43 页）。

晚餐｜照烧鸡胸时蔬沙拉

主　料：鸡胸肉 100 克，洋葱 60 克，樱桃萝卜 50 克，圆白菜 60 克，紫甘蓝 60 克，生菜 60 克。

辅　料：熟白芝麻少许。

沙拉酱汁：经典照烧汁（见 39 页）。

周日正常饮食

可按以下食谱制作果蔬汁和沙拉，也可根据自己的喜好吃任何想吃的食物。

早餐｜猕猴桃苹果奶昔

材　料：猕猴桃 100 克，黄瓜 50 克，苹果 80 克，冰牛奶 100 克。

午餐｜泰式芒果鲜虾沙拉

主　料：鲜虾 5 只（约 150 克），芒果 80 克，紫甘蓝 60 克，生菜 80 克，樱桃萝卜 30 克，圣女果 60 克。

辅料：柠檬 10 克，香菜 20 克。

沙拉酱汁：鱼露酸辣汁（见 44 页）。

晚餐｜黑椒鸡腿时蔬沙拉

主　料：鸡蛋 1 个（约 50 克），去骨鸡腿 1 只（约 100 克），圣女果 60 克，生菜 80 克，圆白菜 60 克。

辅　料：黑胡椒碎 1 小撮，盐 1 小撮，橄榄油 10 克。

沙拉酱汁：橄榄油黑椒汁（见 34 页）。

索引

果蔬汁速查表

沙拉速查表

主食类

肉蛋鱼虾类

蔬果类